高等院校计算机教育系列教材

HTML+DIV+CSS 网页设计
与布局实用教程

徐洪峰　编　著

U0249108

清华大学出版社
北　京

内 容 简 介

本书的作者为一线开发工程师、资深编程专家、专业培训师，在网站开发方面有着丰富的经验，并已出版过多本相关畅销书，颇受广大读者认可。本书内容不局限于语法讲解上，还通过一个个鲜活、典型的实例来达到学以致用的目的。每个语法都有相应的实例，每章后面又配有综合小实例。

本书共 21 章，主要内容包括 HTML 入门，HTML 基本标签，用 HTML 设置文字、段落与列表，列表的建立和使用，用 HTML 创建精彩的图像和多媒体页面，用 HTML 创建超链接，用 HTML 创建表格，用表单创建交互式网页，HTML 5 的结构，CSS 基础知识，用 CSS 设计丰富的文字效果，用 CSS 设计图像和背景，用 CSS 设计表格和表单样式，用 CSS 制作链接与网站导航，CSS+DIV 布局定位基础，CSS 盒子模型，盒子的浮动与定位，CSS+DIV 布局方法，CSS 3 入门基础，设计和制作适合手机浏览的网页，公司宣传网站的布局。

本书内容翔实、结构清晰，既适合 HTML 和 CSS 的初学者自学使用，也可以作为各类院校相关专业的学生和电脑培训班的教材或辅导用书。

图书在版编目(CIP)数据

HTML+DIV+CSS 网页设计与布局实用教程/徐洪峰编著. —北京：清华大学出版社，2017(2024.1重印)
(高等院校计算机教育系列教材)
ISBN 978-7-302-47446-3

Ⅰ. ①H…　Ⅱ. ①徐…　Ⅲ. ①网页制作工具—高等学校—教材　Ⅳ.①TP393.092.2

中国版本图书馆 CIP 数据核字(2017)第 134774 号

责任编辑：杨作梅　李玉萍
封面设计：刘孝琼
责任校对：张彦彬
责任印制：宋　林

出版发行：清华大学出版社
　　　　网　　　址：https://www.tup.com.cn, https://www.wqxuetang.com
　　　　地　　　址：北京清华大学学研大厦 A 座　　　　邮　　编：100084
　　　　社 总 机：010-83470000　　　　邮　　购：010-62786544
　　　　投稿与读者服务：010-62776969, c-service@tup.tsinghua.edu.cn
　　　　质量反馈：010-62772015, zhiliang@tup.tsinghua.edu.cn
　　　　课件下载：https://www.tup.com.cn, 010-62791865
印 装 者：三河市龙大印装有限公司
经　　销：全国新华书店
开　　本：185mm×260mm　　　印　张：23.5　　　字　　数：571 千字
版　　次：2017 年 9 月第 1 版　　　印　　次：2024 年 1 月第 7 次印刷
定　　价：59.00 元

产品编号：073689-03

前　言

近年来，随着网络信息技术的广泛应用，越来越多的个人、企业纷纷建立自己的网站，利用网站来宣传和推广自己。网页技术已经成为当代青年学生必备的知识技能。目前大部分制作网页的方式都是运用可视化的网页编辑软件，这些软件的功能相当强大，使用也非常方便。但是对于高级的网页制作人员来讲，仍需了解 HTML、CSS+DIV 等网页设计语言和技术的使用，这样才能充分发挥丰富的想象力，更加随心所欲地设计出符合标准的网页，以实现网页设计软件不能完成的许多重要功能。

本书主要内容

随着 Web 2.0 的盛行，一切都开始基于 Web 标准，许多网站设计师开始学习并应用 Web 标准，CSS 的应用也越来越广泛。本书正是在这种流行趋势下应运而生的介绍使用 HTML 和 CSS 进行网页标准化布局的书。本书不仅仅将笔墨局限于语法讲解上，并通过一个个鲜活、典型的实战来达到学以致用的目的。每个语法都有相应的实例，每章后面又配有综合小实例。

本书共 21 章，主要内容包括 HTML 入门，HTML 基本标签，用 HTML 设置文字，段落与列表，列表的建立和使用，用 HTML 创建精彩的图像和多媒体页面，用 HTML 创建超链接，用 HTML 创建表格，用表单创建交互式网页，HTML 5 的结构，CSS 基础知识，用 CSS 设计丰富的文字效果，用 CSS 设计图像和背景，用 CSS 设计表格和表单样式、用 CSS 制作链接与网站导航，CSS+DIV 布局定位基础，CSS 盒子模型，盒子的浮动与定位，CSS+DIV 布局方法，CSS 3 入门基础，设计和制作适合手机浏览的网页，公司宣传网站的布局。

本书主要特色

(1)　知识全面系统。

本书内容完全从网页创建的实际角度出发，将所有 HTML、CSS+DIV 元素进行归类，每个标签的语法、属性和参数都有完整、详细的说明，信息量大，知识结构完善。

(2)　典型实例讲解。

本书的每章都配有大量实用案例，将本章的基础知识综合贯穿起来，力求达到理论知识与实际操作完美结合的效果。

(3)　配合 Dreamweaver 进行讲解。

本书以浅显的语言和详细的步骤介绍了在可视化网页设计软件 Dreamweaver 中如何运用 HTML、CSS 来创建网页，使网页制作更加得心应手。在最后一章向读者展示了完全不用编写代码，在 Dreamweaver 中创建完整网页的过程。

(4) 配图丰富，效果直观。

对于每一段实例代码，本书都配有相应的效果图，读者无须自己进行编码，也可以看到相应的运行结果或者显示效果。在不便上机操作的情况下，读者也可以根据书中的实例和效果图进行分析和比较。

(5) 习题强化。

每章后都附有针对性的练习题，通过实训巩固每章所学的知识。

(6) 配套光盘。

需要从清华大学出版社官网上下载使用。

本书读者对象

● 网页设计与制作人员；

● 网站建设与开发人员；

● 大中专院校相关专业师生；

● 网页制作培训班学员；

● 个人网站爱好者与自学读者。

本书是集体智慧的结晶，参加本书编写的人员均为从事网页教学工作的资深教师和具备大型商业网站建设经验的资深网页设计师，他们有着丰富的教学经验和网页设计经验。参加本书编写的人员包括徐洪峰、何琛、邓静静、李银修、孙鲁杰、何海霞、何秀明、孙素华、吕志彬等。由于时间所限，书中疏漏之处在所难免，恳请广大读者朋友批评指正。

编　者

目　　录

第 1 章　　HTML 入门

【学习目标】

在制作网页时，我们大都采用一些专门的网页编辑工具，如 FrontPage、Dreamweaver 等。这些工具都是所见即所得，使用非常方便。使用这些编辑工具制作网页可以不用编写代码。在不熟悉 HTML 语言的情况下，照样可以制作网页。这是网页编辑软件的最大成功之处，但也是它们的最大不足之处——受软件自身的约束，将产生一些垃圾代码，这些垃圾代码将会增大网页体积，降低网页的下载速度。一个优秀的网页设计者应在掌握可视化网页编辑工具的基础上，进一步熟悉 HTML 语言，以便清除那些垃圾代码，从而达到快速制作高质量网页的目的。这就需要对 HTML 有个基本的了解，因此具备一定的 HTML 语言的基本知识是必要的。

本章主要内容包括：

(1) 了解 HTML 的基本概念；

(2) 掌握 HTML 文件的基本结构；

(3) 掌握 HTML 文件编写方法；

(4) 熟悉网页设计与开发的过程。

1.1　什么是 HTML

上网冲浪(即浏览网页)时，呈现在人们面前的一个个漂亮的页面就是网页，是网络内容的视觉呈现。网页是怎样制作的呢？其实网页的主体是一个用 HTML 代码创建的文本文件，使用 HTML 中的相应标签，就可以将文本、图像、动画及音乐等内容包含在网页中，再通过浏览器的解析，多姿多彩的网页内容就呈现出来了。

HTML 的英文全称是 Hyper Text Markup Language，中文通常称作超文本标记语言或超文本标签语言，HTML 是 Internet 上用于编写网页的主要语言，它提供了精简而有力的文件定义，可以设计出丰富的超媒体文件，通过 HTTP 通信协议，HTML 文件可以在全球互联网(World Wide Web)上进行跨平台的文件交换。

1.1.1　HTML 的特点

HTML 文档制作简单，且功能强大，支持不同数据格式的文件导入，这也是 WWW 盛行的原因之一。HTML 的主要特点如下。

(1) HTML 文档容易创建，只需一个文本编辑器就可以完成。

(2) HTML 文件存储量小，能够尽可能快地在网络环境下传输与显示。

(3) 平台无关性。HTML 独立于操作系统平台，它能够多平台兼容，只需要一个浏览器，就能够在操作系统中浏览网页文件。可以在广泛的平台上使用，这也是 WWW 盛行的另一个原因。

(4) 容易学习，不需要专业的编程知识。

(5) 可扩展性。HTML 语言的广泛应用带来了加强功能、增加标识符等要求，HTML 采取子类元素的方式，为系统扩展带来保证。

1.1.2　HTML 的历史

HTML 1.0：1993 年 6 月，互联网工程工作小组(IETF)工作草案发布。

HTML 2.0：1995 年 11 月发布。

HTML 3.2：1996 年 1 月 W3C 推荐标准。

HTML 4.0：1997 年 12 月 W3C 推荐标准。

HTML 4.01：1999 年 12 月 W3C 推荐标准。

HTML 5：2014 年 10 月 28 日 W3C 推荐标准。

1.2　HTML 文件的基本结构

编写 HTML 文件时，必须遵循一定的语法规则。一个完整的 HTML 文件由标题、段落、表格和文本等各种嵌入的对象组成，这些对象统称为元素。HTML 使用标签来分隔并描述这些元素，整个 HTML 文件其实就是由元素与标签组成的。

1.2.1　HTML 文件结构

HTML 的任何标签都由"<"和">"括起来，如<HTML>。在起始标签的标签名前加上符号"/"便是其终止标签，如</HTML>，夹在起始标签和终止标签之间的内容受标签的控制。超文本文档分为头和主体两部分，在文档头部，对文档进行了一些必要的定义，文档主体是要显示的各种文档信息。

基本语法：

```
<!doctype html>
<html>
<head>网页头部信息</head>
<body>网页主体正文部分</body>
</html>
```

语法说明：

其中<!doctype html>在最外层，表示这对标签间的内容是 HTML 文档。<head>之间包括文档的头部信息，如文档标题等，若不需头部信息则可省略此标签。<body>标签一般不能省略，表示正文内容的开始。

　　下面就以一个简单的 HTML 文件来熟悉 HTML 文件的结构。

实例代码：

```
<!doctype html>
<html>
<head>
<meta charset="utf-8">
<title> HTML 文件结构</title>
</head>
<body>
<p>第一章，第一节 简单的 HTML 文件结构！
</p>
</body>
</html>
```

　　这一段代码是由 HTML 中最基本的几个标签所组成的，运行代码，在浏览器中预览效果，如图 1-1 所示。

图 1-1　HTML 文件结构

　　下面解释一下上面的例子。

- HTML 文件就是一个文本文件。文本文件的后缀名是.txt，而 HTML 的后缀名是.html。
- HTML 文档中，第一个标签是<html>，该标签告诉浏览器这是 HTML 文档的开始。
- HTML 文档的最后一个标签是</html>，该标签告诉浏览器这是 HTML 文档的结尾。
- 在<head>和</head>标签之间的文本是头信息，在浏览器窗口中，头信息是不被显示在页面上的。
- 在<title>和</title>标签之间的文本是文档标题，它被显示在浏览器窗口的标题栏中。
- 在<body>和</body>标签之间的文本是正文，会被显示在浏览器中。
- 在<p>和</p>标签之间的文本是段落。

1.2.2　编写 HTML 文件的注意事项

HTML 是由标签和属性构成的，在编写文件时，要注意以下几点。

(1)　"<"和">"是任何标签的开始和结束。元素的标签要用这对尖括号括起来，并且在结束标签的前面加一个"/"(斜杠)，如<table></table>。

(2)　在源代码中标签不区分大小写。

(3)　任何回车和空格在源代码中均不起作用。为了代码的清晰，建议不同的标签之间用回车进行换行。

(4)　在 HTML 标签中可以放置各种属性，例如：

```
<h1 align="right">html 入门</h1>
```

其中 align 为<h1>的属性，right 为属性值，元素属性出现在元素的<>内，并且和元素名之间有一个空格分隔，属性值可以直接书写，也可以使用" "括起来，如下面的两种写法都是正确的。

```
<h1 align="right"> html 入门</h1>
<h1 align=right> html 入门</h1>
```

(5)　要正确输入标签。输入标签时，不要输入多余的空格，否则浏览器可能无法识别这个标签，导致不能正确显示信息。

(6)　在 HTML 源代码中注释格式是：<!--要注释的内容-->，注释语句只出现在源代码中，不会在浏览器中显示。

1.3　HTML 文件的编写方法

由于用 HTML 语言编写的文件是标准的 ASCII 文本文件，因此可以使用任意一个文本编辑器来打开并编写 HTML 文件，例如 Windows 系统中自带的记事本。如果使用 Dreamweaver、FrontPage 等软件，则能以可视化的方式进行网页的编辑制作等。

1.3.1　使用记事本编写 HTML 页面

HTML 是以文字为基础的语言，并不需要什么特殊的开发环境，可以直接在 Windows 自带的记事本中编写。HTML 文档以.html 为扩展名，将 HTML 源代码输入到记事本中并保存，可以在浏览器中打开文档以查看显示效果。使用记事本手工编写 HTML 页面的具体操作步骤如下。

(1)　在 Windows 系统中，打开记事本，在记事本中输入以下代码，如图 1-2 所示。

```
<!doctype html>
<html>
<head>
<meta charset="utf-8">
```

```
<title>无标题文档</title>
</head>
<body>
<img src="1.jpg" width="650" height="563" />
</body>
</html>
```

说明： 对于还不知道怎样新建记事本文件的读者，可以在电脑桌面上或者"我的电脑"硬盘空白地方单击鼠标右键，在弹出的快捷菜单中选择"新建"→"文本文档"命令。

(2) 当编辑完 HTML 文件后，选择"文件"→"另存为"菜单命令，将弹出"另存为"对话框，将其另存为扩展名为.htm 或.html 的文件即可，如图 1-3 所示。

图 1-2　在记事本中输入代码

图 1-3　保存文件

说明： 注意是"另存为"命令，而不是"保存"命令，因为如果选择"保存"命令的话，Windows 系统会默认把它存为.txt 记事本文件。.html 是扩展名，注意是个点，而不是句号。

(3) 单击"保存"按钮，这时该文本文件就变成了 HTML 文件，在浏览器中的浏览效果如图 1-4 所示。

图 1-4　浏览网页效果

5

1.3.2 使用 Dreamweaver CC 编写 HTML 页面

在 Dreamweaver CC 的代码视图中可以查看或编辑源代码。为了方便手工编写代码，Dreamweaver CC 增加了标签选择器和标签编辑器。使用标签选择器，可以在网页代码中插入新的标签；使用标签编辑器，可以对网页代码中的标签进行编辑，添加标签的属性或修改属性值。在 Dreamweaver CC 中编写代码的具体操作步骤如下。

(1) 打开 Dreamweaver CC 软件，新建空白文档，在代码视图中编写 HTML 代码，如图 1-5 所示。

图 1-5 编写 HTML 代码

(2) 在 Dreamweaver CC 中编辑完代码后，返回到设计视图中，效果如图 1-6 所示。

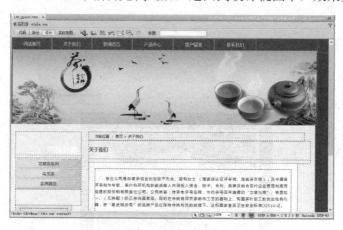

图 1-6 设计视图

(3) 选择"文件"→"保存"菜单命令，保存文档，即可完成 HTML 文件的编写。

1.4　网页设计与开发的过程

创建完整的网站是一个系统工程,有一定的工作流程,只有遵循这个步骤,按部就班地来,才能设计出令人满意的网站。因此在设计网页前,先要了解网页设计与开发的基本流程,这样才能制作出更好、更合理的网站。

1.4.1　明确网站定位

在创建网站时,确定站点的目标是第一步。设计者应清楚建立站点的目标定位,即确定它将提供什么样的服务,网页中应该提供哪些内容等。要确定站点目标定位,应该从以下 3 个方面考虑。

(1) 网站的整体定位。网站可以是大型商用网站、小型电子商务网站、门户网站、个人主页、科研网站、交流平台、公司和企业介绍性网站、服务性网站等。首先应该对网站的整体进行一个客观的评估,同时要以发展的眼光看待问题,否则将带来许多升级和更新方面的不便。

(2) 网站的主要内容。如果是综合性网站,那么对于新闻、邮件、电子商务、论坛等都要有所涉及,这样就要求网页结构紧凑、美观大方;对于侧重某一方面的网站,如书籍网站、游戏网站、音乐网站等,则往往对网页美工要求较高,使用模板较多,更新网页和数据库较快;如果是个人主页或介绍性的网站,那么一般来讲,网站的更新速度较慢,浏览率较低,并且由于链接较少,内容不如其他网站丰富,但对美工的要求更高一些,可以使用较鲜艳明亮的颜色,同时可以添加 Flash 动画等,使网页更具动感和充满活力,否则网站没有吸引力。

(3) 网站浏览者的教育程度。对于不同的浏览者群,网站的吸引力是截然不同的,例如针对少年儿童的网站,卡通和科普性的内容更符合浏览者的品位,也能够达到网站寓教于乐的目的;针对学生的网站,往往对网站的动感程度和特效技术要求更高一些;对于商务浏览者,网站的安全性和易用性更为重要。

1.4.2　收集信息和素材

收集信息和素材之前,首先要创建一个新的总目录(文件夹),比如 D:\我的网站,来放置建立网站的所有文件,然后在这个目录下建立两个子目录:"文字资料"和"图片资料"。放入目录中的文件名最好全部用英文小写,因为有些主机不支持大写和中文,以后增加的内容可再创建子目录。

1. 文本内容素材的收集

具体的文本内容是指可以让访问者清楚地明白作者的 Web 页中想要说明的东西。我们可以从网络、书本、报刊上找到需要的文字材料,也可以使用平时的试卷和复习资料,还可以自己编写有关的文字材料，将这些素材制作成 Word 文档保存在"文字资料"子目录下。收集的文本素材既要丰富，又要便于有机地组织，这样才能做出内容丰富、整体感强的网页。

2．艺术内容素材的收集

只有文本内容的网站对于访问者来讲，是枯燥乏味、缺乏生机的。如果加上艺术内容素材，如静态图片、动态图像、音乐、视频等，将使网页充满动感与生机，也将吸引更多的访问者。这些素材主要来自于以下 4 个方面。

(1) 从 Internet 上获取。可以充分利用网上的共享资源，可使用百度、雅虎等引擎搜集图片素材。

(2) 从 CD-ROM 中获取。在市面上，有许多关于图片素材库的光盘，也有许多教学软件，可以选取其中的图片资料。

(3) 利用现成图片或自己拍摄的图像。既可以从各种图书出版物(如科普读物、教科书、杂志封面、摄影集等)获取图片，也可以使用自己拍摄和积累的照片资料。将杂志的封面彩图用彩色扫描仪扫描下来，经过加工后，可以整合制作到网页中。

(4) 自己动手制作一些特殊效果的图片，特别是动态图像，自己动手制作效果往往更好。可采用 3ds Max 或 Flash 进行制作。

鉴于网上只能支持几种图片格式，所以可先将通过以上途径收集的图片用 Photoshop 等图像处理工具转换成 JPG、GIF 形式，再保存到"图片资料"子目录下。另外，图片应尽量精美而小巧，不要盲目追求大而全，要以在网页的美观与网络的速度两者之间取得良好的平衡为宜。

1.4.3 规划栏目结构

合理地组织站点结构，能够加快对站点的设计，节省工作时间，提高工作效率。当需要创建一个大型网站时，如果将所有网页都存储在一个目录下，当站点的规模越来越大时，管理起来就会变得很困难，因此合理地使用文件夹管理文档就显得很重要。

网站的目录是指在创建网站时建立的目录，要根据网站的主题和内容来分类规划，不同的栏目对应不同的目录，在各个栏目目录下也要根据内容的不同对其划分出不同的分目录，如图片放在 images 目录下，新闻放在 news 目录下，数据库放在 database 目录下等，同时要注意目录的层次不宜太深，一般不要超过 3 层，另外给目录起名的时候要尽量使用能表达目录内容的英文或汉语拼音，这样会更加方便日后的管理和维护。如图 1-7 所示为企业网站的站点结构图。

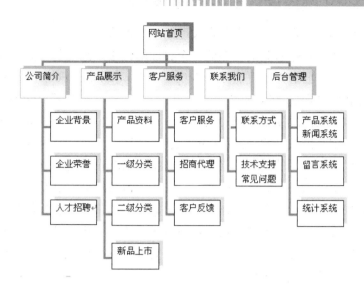

图 1-7　企业网站的站点结构图

1.4.4　设计网页图像

在规划好网站的栏目结构和搜集完资料后就可以设计网页图像了，网页图像设计包括 Logo、标准色彩、标准字、导航条和首页布局等。可以使用 Photoshop 或 Fireworks 软件来具体设计网站的图像。有经验的网页设计者，通常会在使用网页制作工具制作网页之前，设计好网页的整体布局，这样在具体的设计过程中将会胸有成竹，大大节省工作时间。如图 1-8 所示是设计的网页整体图像。

图 1-8　设计网页图像

1.4.5　制作页面

具体到每一个页面的制作时，首先要做的就是设计版面布局。就像传统的报纸杂志一样,需要将网页看作一张报纸、一本杂志来进行排版布局。

版面指的是在浏览器中看到的完整的一个页面的大小。因为每个人电脑的显示器分辨率不同,所以同一个页面的大小可能出现 640px×480px、800px×600px 或 1024px×768px 等不同尺寸。目前电脑主要以 1024px×768px 分辨率为主,在实际制作网页时,应将网页宽度限制在 778px 以内(可以用表格或层来进行限制),这样在用 1024px×768px 分辨率的显示器进行浏览时,除去浏览器左右的边框后,刚好能完全显示出网页的内容。

布局,就是以最适合浏览的方式将图片和文字排放在页面的不同位置。这是一个创意的过程,需要一定的经验,当然也可以参考一些优秀的网站来寻求灵感。

版面布局完成后,就可以着手制作每一个页面了,通常都从首页做起,制作过程中可以先使用表格或层对页面进行整体布局,然后将需要添加的内容分别添加到相应的单元格中,并随时预览效果并进行调整,直到整个页面完成并达到理想的效果,然后用相同的方法完成整个网站中其他页面的制作。

网页制作是一个复杂而细致的过程,一定要按照先大后小、先简单后复杂的顺序制作。所谓先大后小,就是说在制作网页时,先把大的结构设计好,然后再逐步完善小的结构设计。所谓先简单后复杂,就是先设计出简单的内容,然后再设计复杂的内容,以便出现问题时容易修改。在制作网页时要灵活运用模板和库,这样可以大大提高制作效率。如果很多网页都使用相同的版面设计,就应为这个版面设计一个模板,然后就可以以此模板为基础创建网页。以后如果想要改变所有网页的版面设计,只需简单地改变模板即可。如图 1-9 所示为制作的网页。

图 1-9　制作的网页

1.4.6　实现后台功能

页面设计制作完成后,如果还需要动态功能的话,就需要开发动态功能模块。网站中常用的功能模块有留言板、搜索功能、新闻信息发布、在线购物等。

1. 留言板

留言板、论坛及聊天室是为浏览者提供的信息交流的地方。浏览者可以围绕个别的产品、服务或其他话题进行讨论。顾客也可以提出问题，进行咨询，或者得到售后服务。但是聊天室和论坛是比较占用资源的，一般非大中型的网站没有必要建设论坛和聊天室，如果访问量不是很大，做好了也是没有人来访问的。如图 1-10 所示为留言板页面。

图 1-10　留言板页面

2. 搜索功能

搜索功能是使浏览者在短时间内，快速地从大量的资料中找到符合要求的资料。这对于资料非常丰富的网站来说很有用。要建立一个搜索功能，就要有相应的程序以及完善的数据库支持，可以快速地从数据库中搜索到所需要的资料。

3. 新闻信息发布

新闻发布管理系统提供方便直观的页面文字信息的更新维护界面，提高了工作效率，降低了技术要求，非常适用于经常更新的栏目或页面。如图 1-11 所示是新闻发布管理系统。

4. 在线购物

在进行网上购物的时候，用户将感兴趣的产品放入自己的购物车，以备最后统一结账。当然用户也可以修改购物的数量，甚至将产品从购物车中取出。用户选择"结算"后系统将自动生成本系统的订单。如图 1-12 所示为购物网站。

图 1-11　新闻发布管理系统　　　　　　　　　图 1-12　购物网站

1.4.7　网站的测试与发布

在将网站的内容上传到服务器之前，应先在本地站点进行完整的测试，以保证页面外观和效果、链接和页面下载时间等与设计相同。站点测试主要包括检测站点在各种浏览器中的兼容性，检测站点中是否有断掉的链接。用户可以使用不同类型和不同版本的浏览器预览站点中的网页，检测可能存在的问题。

在完成了对站点中页面的制作后，就应该将其发布到 Internet 上供大家浏览和观赏了。但是在此之前，应该对所创建的站点进行测试，对站点中的文件逐一进行检查，在本地计算机中调试网页以防止包含在网页中的错误，以便尽早发现问题并解决。

在测试站点的过程中应注意以下几个方面。

- 在测试站点的过程中应确保在目标浏览器中，网页能够如预期地显示和工作、没有损坏的链接、下载时间不宜过长等。
- 了解各种浏览器对 Web 页面的支持程度，不同的浏览器查看同一个 Web 页面，会有不同的效果。很多制作的特殊效果，在有些浏览器中可能看不到，为此需要进行浏览器兼容性检测，以找出不被其他浏览器支持的部分。
- 检查链接的正确性，可以通过 Dreamweaver 提供的检查链接功能检查文件或站点中的内部链接及孤立文件。

网站的域名和空间申请完毕后，就可以上传网站了，可以采用 Dreamweaver 自带的站点管理工具上传文件。

本 章 小 结

HTML 是目前网络上应用最为广泛的语言，也是构成网页文档的基本语言。本章介绍了 HTML 的基本概念、编写方法和 HTML 页面基本标签以及网页设计与开发的基本流程。

通过本章的学习，读者对 HTML 有了初步的了解，从而为后面设计和制作更复杂的网页打下良好的基础。

练 习 题

1. 填空题

(1) HTML 是以文字为基础的语言，并不需要什么特殊的开发环境，可以直接在 Windows 自带的记事本中编写。HTML 文档以＿＿＿＿＿为扩展名。

(2) 由于用 HTML 语言编写的文件是标准的 ASCII 文本文件，因此可以使用任意一个文本编辑器来打开并编写 HTML 文件，例如 Windows 系统中自带的＿＿＿＿＿＿。如果使用＿＿＿＿＿、＿＿＿＿＿＿等软件，则能以可视化的方式进行网页的编辑制作等。

2. 操作题

(1) 用 IE 浏览器打开网上的任意一个网页，选择"查看"→"源文件"菜单命令，在打开的记事本中查看各代码，并试着与浏览器中的内容进行对照。

(2) 分别利用记事本和 Dreamweaver 创建一个简单的 HTML 网页。

(3) 简述网页设计与开发的一般步骤。

第 2 章　HTML 基本标签

【学习目标】

　　<head>作为各种声明信息的包含元素出现在文档的顶端，并且要先于<body>出现。而<body>用来显示文档主体内容。本章就来讲解这些基本标签的使用，这些都是一个完整的网页必不可少的。通过它们可以了解网页的基本结构及其工作原理。

　　本章主要内容包括：

　　(1)　HTML 页面主体标签；

　　(2)　头部标签。

2.1　HTML 页面主体标签

　　在<body>和</body>标签中放置的是页面中所有的内容，如图片、文字、表格、表单、超链接等。<body>标签有自己的属性，包括网页的背景设置、文字属性设置和链接设置等。设置<body>标签内的属性，可控制整个页面的显示方式。

2.1.1　定义网页背景色：bgcolor

　　对大多数浏览器而言，其默认的背景颜色为白色或灰白色。在网页设计中，bgcolor 属性用来标志整个 HTML 文档的背景颜色。

　　基本语法：

```
<body bgcolor="背景颜色">
```

　　语法说明：

背景颜色有以下两种表示方法。

　　(1)　使用颜色名指定，例如红色、绿色等，分别用 red、green 表示。

　　(2)　使用十六进制格式数据值#RRGGBB 来表示，RR、GG、BB 分别表示颜色中的红、绿、蓝三基色的两位十六进制数据。

　　实例代码：

```
<!doctype html>
<html>
<head>
<meta charset="utf-8">
<title>定义网页背景色</title>
</head>
```

```
<body bgcolor="#c33000">
</body>
</html>
```

加粗部分的代码是为页面设置背景颜色，在浏览器中预览效果，如图 2-1 所示。
背景颜色在网页上很常见，如图 2-2 所示的网页使用了大面积的绿色背景。

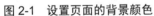

图 2-1　设置页面的背景颜色

图 2-2　使用背景颜色的网页

2.1.2　设置背景图片：background

网页的背景图片可以衬托网页的显示效果，从而取得更好的视觉效果。背景图片的选择不仅要好看，而且还要注意不要"喧宾夺主"，影响网页内容的阅读。通常使用深色背景图片配合浅色的文本，或者是浅色背景图片配合深色的文本。background 属性用来设置HTML 网页的背景图片。

基本语法：

```
<body background="图片的地址">
```

语法说明：

background 属性值就是背景图片的路径和文件名。图片的地址可以是相对地址，也可以是绝对地址。在默认情况下，用户如果不加 no-repeat 属性，图片会按照水平和垂直的方向不断重复出现，直到铺满整个页面。

实例代码：

```
<!doctype html>
<html>
<head>
<meta charset="utf-8">
<title>设置背景图片</title>
</head>
<body background="bg.jpg">
```

```
</body>
</html>
```

加粗部分的代码是设置网页背景图片的，在浏览器中预览可以看到的背景图像，如图 2-3 所示。

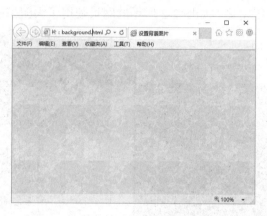

图 2-3　页面的背景图像

在网上除了可以看到各种背景色的网页之外，还可以看到一些以图片作为背景的网页。如图 2-4 所示的网页使用了背景图像。

图 2-4　使用了背景图像

提示：　在网页中可以使用图片作背景，但图片一定要与插图以及文字的颜色相协调，才能达到美观的效果，如果色差太大会使网页失去美感。

为保证浏览器载入网页的速度，建议尽量不要使用字节过大的图片作为背景图片。

2.1.3　设置文字颜色：text

通过 text 可以设置<body>体内所有文本的颜色。在没有对文字的颜色进行单独定义时，该属性可以对页面中所有的文字起作用。

基本语法：

```
<body text="文字的颜色">
```

语法说明：

在该语法中，text 的属性值与设置页面背景色相同。

实例代码：

```
<!doctype html>
<html>
<head>
<meta charset="utf-8">
<title>设置文字颜色</title>
</head>
<body text="#FF0000">
<p>有苦有乐的人生是充实的；有成有败的人生是合理的；有得有失的人生是公平的；人生坎坷不平
才有价值。有赢就有输，有成就有败，有得就有失；要成就必须去承担，要光明必须接受黑暗，要
志业必须去付出；世间任何一件非凡之事，必有超常险境和苦难，旋涡中淡定从容者必致远。</p>
</body>
</html>
```

加粗部分的代码是设置文字颜色，在浏览器中预览可以看到文档中文字的颜色，如图 2-5 所示。

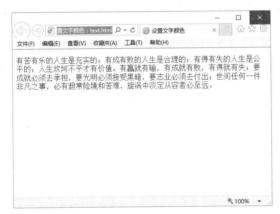

图 2-5　设置文字的颜色

2.1.4　设置链接文字属性

为了突出超链接，超链接文字通常采用与其他文字不同的颜色，超链接文字的下端还会加一个横线。网页的超链接文字有默认的颜色，即浏览器以蓝色作为超链接文字的颜色，访问过的文字颜色则变为暗红色。在<body>标签中也可自定义这些颜色。

基本语法：

```
<body link="颜色">
```

语法说明：

该属性的设置与前面几个设置颜色的参数类似，都是与 body 标签放置在一起，表明它对网页中所有未单独设置的元素起作用。

实例代码：

```
<!doctype html>
<html>
<head>
<meta charset="utf-8">
<title>设置链接文字的颜色</title>
</head>
<body link="#9933ff">
<center>
  <a href="#">伤感文章<br />
  <a href="#"> 情感日志<br />
  <a href="#">心情日记<br />
  <a href="#"> 散文精选<br />
  <a href="#"> 诗歌大全经</a>
</center>
</body>
</html>
```

加粗部分的代码是为链接文字设置颜色，在浏览器中预览效果，可以看到链接的文字已经不是默认的蓝色，如图 2-6 所示。

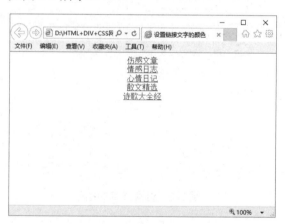

图 2-6　设置链接文字的颜色

使用 alink 可以设置鼠标未单击超链接时的颜色，举例如下。

```
<!doctype html>
<html>
<head>
<meta charset="utf-8">
<title>设置链接文字的颜色</title>
</head>
```

```
<body  link="#9933ff"  alink="#0066FF">
<center>
  <a href="#">伤感文章<br />
  <a href="#"> 情感日志<br />
  <a href="#">心情日记<br />
  <a href="#"> 散文精选<br />
  <a href="#"> 诗歌大全经</a>
</center>
</body>
</html>
```

加粗部分的代码是设置未单击链接时文字的颜色，在浏览器中预览效果，可以看到单击链接文字时，文字已经改变了颜色，如图 2-7 所示。

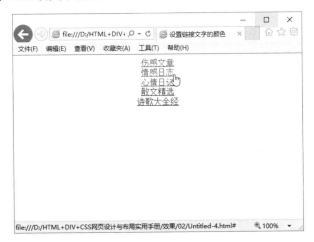

图 2-7　未单击链接文字时的颜色

使用 vlink 可以设置已访问过的超链接颜色，举例如下。

```
<!doctype html>
<html>
<head>
<meta charset="utf-8">
<title>设置链接文字的颜色</title>
</head>
<body link="#9933ff" alink="#0066FF" vlink="#FF0000">
<center>
  <a href="#">伤感文章<br />
  <a href="#">情感日志<br />
  <a href="#">心情日记<br />
  <a href="#">散文精选<br />
  <a href="#">诗歌大全经</a>
</center>
</body>
</html>
```

加粗部分的代码是为链接文字设置访问后的颜色，在浏览器中预览效果，可以看到单击链接后文字的颜色已经发生改变，如图 2-8 所示。

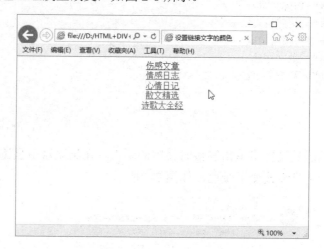

图 2-8　访问后的链接文字的颜色已发生改变

2.1.5　设置页面边距

有的朋友在做页面的时候，感觉文字或者表格怎么也不能靠在浏览器的最上边和最左边，这是怎么回事呢？因为一般用的网页制作软件或 HTML 语言默认的都是 topmargin、leftmargin 值等于 12，如果你把它们的值设为 0，就会看到网页的元素与左边距离为 0 了。

基本语法：

```
<body topmargin="value" leftmargin="value" rightmargin="value"
bottommargin=value>
```

语法说明：

通过设置 topmargin/leftmargin/rightmargin/bottommargin 的不同的属性值来设置显示内容与浏览器的距离：默认情况下，边距的值以像素为单位。

- topmargin：设置到顶端的距离。
- leftmargin：设置到左边的距离。
- rightmargin：设置到右边的距离。
- bottommargin：设置到底边的距离。

实例代码：

```
<!doctype html>
<html>
<head>
<meta charset="utf-8">
<title>设置边距</title>
</head>
<body topmargin="150" leftmargin="200">
```

```
<p>设置页面的上边距</p>
<p>设置页面的左边距</p>
</body>
</html>
```

加粗部分的代码是设置上边距和左边距，在浏览器中预览效果，可以看出定义的边距效果，如图 2-9 所示。

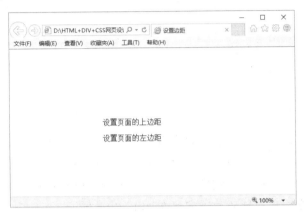

图 2-9　设置的边距效果

提示：　一般建议将网站的页面左边距和上边距都设置为 0，这样看起来页面不会有太多的空白。

2.2　head 部分标签

HTML 中的<head>标签是网页标签中一个非常重要的符号，head 标签中包含的内容基本上描述了所属页面的基本属性，包括标题、字符集、站点信息、网站作者信息、站点描述、站点关键字、刷新及跳转、样式表链入以及其他一些有用的附加功能。做好<head>标签中的内容对整个页面有着非常重要的意义，下面介绍<head>标签中比较常用的一些东西。

2.2.1　标题标签：<title>

不管是用户还是搜索引擎，对一个网站的最直观的印象往往来自于这个网站的标题。用户通过搜索关键字，进入搜索结果页面，决定用户是否单击所搜索的结果往往取决于网站的标题。在网页中设置网页的标题，只要在 HTML 文件的头部文件的<title></title>中输入标题信息就可以在浏览器的标题栏上显示。标题标签以<title>开始，以</title>结束。

基本语法：

```
<head>
<title>…</title>
…</head>
```

语法说明：

页面的标题只有一个，它位于 HTML 文档的头部，即<head>和</head>之间。

实例代码：

```
<!doctype html>
<html>
<head>
<meta charset="utf-8">
<title>标题标记 title</title>
</head>
<body>
</body>
</html>
```

提示： 了解了网站标题的重要性之后，下面来看一下如何设置网站标题。首先应该明确网站的定位，即希望对哪类词感兴趣的用户能够通过搜索引擎进入他们的站点，在经过关键字调研之后，选择几个能带来较大访问量的关键字，然后把最具代表性的关键字放在<title>的最前面。

2.2.2　定义页面关键字

关键字是描述网站的产品及服务的词语，选择适当的关键字是建立一个高排名网站的第一步。选择关键字的一个重要技巧是选取那些常被人们在搜索时所用到的关键字。当用关键字搜索网站时，如果网页中包含该关键字，就可以在搜索结果中列出来。

基本语法：

```
<meta name="keywords" content="具体的关键字">
```

语法说明：

在该语法中，name 为属性名称，这里是 keywords，也就是设置网页的关键字属性，而在 content 中则定义具体的关键字。加粗的代码为输入关键字。

实例代码：

```
<!doctype html>
<html>
<head>
<meta charset="utf-8">
<meta name="keywords" content="关键字">
<title>关键字</title>
</head>
<body>
</body>
</html>
```

提示：
- 要选择与网站或页面主题相关的文字；
- 选择具体的词语，别寄望于行业或笼统的词语；
- 揣摩用户会用什么作为搜索词，把这些词放在页面上或直接作为关键字；
- 关键字可以不止一个，最好根据不同的页面，制定不同的关键字组合，这样页面被搜索到的概率将大大增加。

2.2.3　定义页面描述

描述属性是 description，网页的 description 属性为搜索引擎提供了关于这个网页的总括性描述。网页的 description 属性是由一两个语句或段落组成的，内容一定要有相关性，描述不能太短、太长或过分重复。

基本语法：

```
<meta name="description" content="设置页面描述">
```

语法说明：

在该语法中，name 为属性名称，这里设置为 description，也就是将元信息属性设置为页面说明，在 content 中定义具体的描述语言。

实例代码：

```
<!doctype html>
<html>
<head>
<meta charset="utf-8">
<meta name="description" content="页面描述">
<title>设置页面描述</title>
</head>
<body>
</body>
</html>
```

提示：　在创建 description 属性时请注意避免以下几点误区：
- 把网页的所有内容都复制到描述元标签中；
- 与网页实际内容不相符的 description 属性，一定要注意描述应和网站主题相关；
- 过于宽泛的描述，比如"这是一个网页"或"关于我们"等；
- 在描述部分堆砌关键字，堆砌关键字不仅不利于排名，还会受到惩罚；
- 很多网页使用千篇一律的 description 属性，这样不利于网站优化。

2.2.4 定义网页编辑工具

现在有很多网页编辑工具都可以制作网页，在源代码的头部可以设置网页编辑工具的名称。与其他 meta 元素相同，网页编辑工具也只是在页面的源代码中可以看到，而不会显示在浏览器中。

基本语法：

```
<meta name="generator" content="网页编辑工具的名称">
```

语法说明：

在该语法中，name 为属性名称，设置为 generator，也就是设置网页编辑工具，在 content 中定义具体的网页编辑工具名称。

实例代码：

```
<!doctype html>
<html>
<head>
<meta charset="utf-8">
<meta name="generator" content="FrontPage">
<title>设置编辑工具</title>
</head>
<body>
</body>
</html>
```

加粗部分的代码是定义网页编辑工具。

2.2.5 定义作者信息

在源代码中还可以设置网页制作者的姓名。

基本语法：

```
<meta name="author" content="作者的姓名">
```

语法说明：

在该语法中，name 为属性名称，设置为 author，也就是作者信息，在 content 中定义具体的信息。

实例代码：

```
<!doctype html>
<html>
<head>
<meta charset="utf-8">
<meta name="author" content="崔小轩">
<title>设置作者信息</title>
```

```
</head>
<body>
</body>
</html>
```

加粗的代码部分的代码为设置作者的信息。

2.2.6 定义网页文字及语言

在网页中还可以设置语言的编码方式，这样浏览器就可以正确地选择语言，而不需要人工选取。

基本语法：

```
<meta http-equiv="content-type" content="text/html; charset=字符集类型" />
```

语法说明：

在该语法中，http-equiv 用于传送 HTTP 通信协议的标头，而在 content 中才是具体的属性值。charset 用于设置网页的内码语系，也就是字符集的类型，国内常用的是 GB 码，charset 往往设置为 GB2312，即简体中文。英文是 ISO-8859-1 字符集，此外还有其他的字符集。

实例代码：

```
<!doctype html>
<html>
<head>
<meta charset="utf-8">
<title>无标题文档</title>
</head>
<body>
</body>
</html>
```

加粗部分的代码是设置网页文字及语言，此处设置为 utf-8。

2.2.7 定义网页的定时跳转

在浏览网页时经常会看到一些欢迎信息的页面，在经过一段时间后，这些页面会自动转到其他页面，这就是网页的跳转。用 http-equiv 属性中的 refresh 不仅能够完成页面自身的自动刷新，也可以实现页面之间的跳转。通过设置 meta 对象的 http-equiv 属性来实现跳转页面。

基本语法：

```
<meta http-equiv="refresh" content="跳转的时间;URL=跳转到的地址">
```

语法说明：

在该语法中，refresh 表示网页的刷新，而在 content 中设置刷新的时间和刷新后的链接地址，时间和链接地址之间用分号相隔。默认情况下，跳转时间以秒为单位。

实例代码：

```
<!doctype html>
<html>
<head>
<meta charset="utf-8" >
<meta http-equiv="refresh" content="10;url=index1.html">
<title>定义网页的定时跳转</title>
</head>
<body>
10 秒后自动跳转
</body>
</html>
```

加粗部分的代码是设置网页的定时跳转，这里设置为 10 秒后跳转到 index1. html 页面。在浏览器中预览可以看出，跳转前如图 2-10 所示，跳转后如图 2-11 所示。

图 2-10　跳转前

图 2-11　跳转后

2.3　综合实例——创建基本的 HTML 文件

本章主要学习了 HTML 文件整体标签的使用，下面就用所学的知识来创建最基本的 HTML 文件。

(1)　使用 Dreamweaver CC 打开网页文档，如图 2-12 所示。

(2)　打开拆分视图，在<head>和</head>之间输入代码，来定义网页的语言，如图 2-13 所示。

(3)　在<title></title>之间输入标题"翔宇科技"，如图 2-14 所示。

(4)　在<body>标签中输入 bgcolor="#0C0"，用来定义网页的背景颜色，如图 2-15 所示。

(5)　在<body>语句中输入 text="#FFFFFF"，设置整个文档的文本颜色，如图 2-16 所示。

(6)　在<body>标签中输入 topmargin="15" leftmargin="15"，用于设置网页的上边距和左边距，将上边距设置为 15px，左边距设置为 15px，如图 2-17 所示。

图 2-12　原始文档

图 2-13　定义网页的语言

图 2-14　设置网页的标题

图 2-15　定义网页的背景颜色

图 2-16　设置文字的颜色

图 2-17　设置页面的边距

(7)　保存网页，在浏览器中预览，如图 2-18 所示。

图 2-18　效果图

本 章 小 结

一个完整的 HTML 文档必须包含 3 个部分：由<html>标签定义的文档版本信息，由<head>定义各项声明的文档头部和由<body>定义的文档主体部分。本章重点介绍了 HTML 的主体标记、头部标记。通过对本章的学习，读者对 HTML 有了初步的了解，从而为后面的学习打下基础。

练 习 题

1. 填空题

(1)　使用<body>标签的_____属性可以为整个网页定义背景颜色。使用_____属性可以将图片设置为背景，还可以设置背景图片的平铺方式、显示方式等。

(2)　在 HTML 语言的头部元素中，一般需要包括标题、基础信息和元信息等。HTML 的头部元素是以_____为开始标记，以_____为结束标记的。

2. 操作题

创建最基本的 HTML 文件，如图 2-19 所示。

图 2-19　简单 HTML 文件

第3章 用 HTML 设置文字、段落与列表

【学习目标】

文字不仅是网页信息传达的一种常用方式，也是视觉传达最直接的方式，运用经过精心处理的文字材料完全可以制作出效果很好的版面。输入完文本内容后就可以对其格式进行调整，而设置文本样式是实现快速编辑文档的有效操作，让文字看上去编排有序、整齐美观。通过对本章的学习，读者可以掌握如何在网页中合理地使用文字，如何根据需要选择不同的文字效果。

本章主要内容包括：

(1) 输入文字；

(2) 设置文字的格式；

(3) 设置段落的格式；

(4) 水平线的标签；

(5) 创建列表；

(6) 使用 marquee 设置滚动效果。

3.1 标 题 字

标题(heading)是通过 <h1>~<h6> 等标签进行定义的。<h1> 定义最大的标题，<h6> 定义最小的标题。

3.1.1 标题字标签：<h>

在遵循网页标准制作网页的时候，为了使设计更具有语义化，我们经常会在页面中用到<h1>~<h6>的标题标签。标题标签是指 HTML 网页中对文本标题所进行的着重强调的标签，标签<h1>~<h6>字号依次递减显示出重要性的递减。

基本语法：

```
<h1>...</h1>
<h2>...</h2>
<h3>...</h3>
<h4>...</h4>
<h5>...</h5>
<h6>...</h6>
```

语法说明：

<h1>～<h6>标签可定义标题，<h1>定义最大的标题，<h6>定义最小的标题。

实例代码：

```
<!doctype html>
<html>
<head>
<meta charset="utf-8">
<title>标题元素</title>
</head>
<body>
<h1>1 级标题</h1>
<h2>2 级标题</h2>
<h3>3 级标题</h3>
<h4>4 级标题</h4>
<h5>5 级标题</h5>
<h6>6 级标题</h6>
</body>
</html>
```

加粗部分的代码用于设置 6 种不同级别的标题，在浏览器中浏览效果如图 3-1 所示。

图 3-1　设置标题大小

3.1.2　标题字对齐属性：align

默认情况下，表格的标题水平居中，我们可以通过 align 属性设定标题文字的水平对齐方式。

基本语法：

```
text-align:center
text-align:left
text-align:right
```

语法说明：

left 为左对齐，center 为居中，right 为右对齐。

实例代码：

```
<!doctype html>
<html>
<head>
<meta charset="utf-8">
<title>标题的水平对齐</ title >
</head>
<body>
<h1 style="text-align:center">居中对齐</h1>
<h2 style="text-align:left">左对齐</h2>
<h3 style="text-align:right">右对齐</h3>
</body>
</html>
```

通过 align 属性设定标题的对齐方式，如图 3-2 所示。

图 3-2　设置标题对齐

3.2　插入其他标记

在网页中除了可以输入汉字、英文和其他语言文字外，还可以输入一些空格和特殊字符，如￥、$、◎、#等。

3.2.1　输入空格符号

可以用许多不同的方法来分开文字，包括空格、标签。这些都被称为空格，因为它们可增加字与字之间的距离。

基本语法：

```
 
```

语法说明：

在网页中可以有多个空格，输入一个空格使用" "表示，输入多少个空格就添加多少个" "。

实例代码：

```
<!doctype html>
<html>
<head>
<meta charset="utf-8">
<title>插入空格</title>
</head>
<body>
<p>         生活在世界尽头的雪
人，将在十八岁的成人礼上交出他的记忆。偶然的时空重叠，让他的记忆里多了一些他从未看到过
的色彩。       那个替他戴上围巾的男孩，让他
坚硬的心多了牵挂。他决定，穿过神秘通道，去那个陌生的世界。他只是想对男孩说：没努力过的
雪人和努力过的雪人，可是不一样的哦。</p>
</body>
</html>
```

加粗部分的代码是设置空格，在浏览器中预览，可以看到浏览器完整地保留了输入的空格代码效果，如图 3-3 所示。

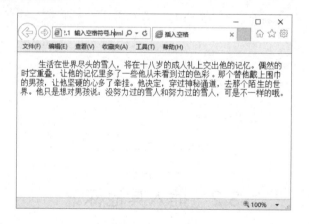

图 3-3　空格效果

3.2.2　输入特殊符号

除了空格以外，在网页的制作过程中，有一些特殊的符号也需要使用代码进行代替。一般情况下，特殊符号的代码由前缀"&"、字符名称和后缀";"组成。使用特殊符号可以将键盘上没有的字符输出来。

基本语法：

```
&amp;…&copy;
```

语法说明：

在需要添加特殊符号的地方输入相应的符号代码即可。常用符号及其对应代码见表 3-1。

<p align="center">表 3-1　特殊符号及代码</p>

特殊符号	符号的代码
"	&quot;
&	&amp;
<	&lt;
>	&gt;
×	&times;
§	&sect;
©	&copy;
®	&reg;
™	&trade;

3.3　设置段落的格式

在网页制作的过程中，将一段文字分成相应的段落，不仅可以增加网页的美观性，而且使网页层次分明，让浏览者感觉不到拥挤。在网页中，如果要把文字有条理地显示出来，离不开段落标签的使用。在 HTML 中可以通过段落标签实现段落的效果。

3.3.1　段落标签：<p>

HTML 标签中最常用最简单的是段落标签，也就是<p></p>，说它常用，是因为几乎所有的文档文件都会用到这个标签，说它简单，从外形上就可以看出来，它只有一个字母。虽说是简单，但也非常重要，因为也是用来区别段落的。

基本语法：

```
<p>段落文字</p>
```

语法说明：

段落标签可以没有结束标签</p>，而每一个新的段落标签开始的同时也意味着上一个段落的结束。

实例代码：

```
<!doctype html>
<html>
<head>
<meta charset="utf-8">
<title>段落标记</title>
```

```
</head>
<body>
<p>我们渐行渐远的青春！是的，我也仿佛在你的作品里看到了曾经的自己。面对生活的压力，理想
曾经显得那么的苍白。他，不是个体，是多数。走入婚姻，走进家庭，时光变成吸水的海绵，负累
越来越重。<p>曾经的风花雪月，年少不知愁滋味，以为可以任意挥霍的青春渐行渐远了。那么，作
者将给我们带来怎样沉重的思考与感动。非常值得期待！感谢一只小猫对星河的厚爱，愿你在星河
快乐。<br />
<p>
</body>
</html>
```

加粗部分的代码为段落标签，效果如图 3-4 所示。

图 3-4   段落效果

3.3.2   段落的对齐属性：align

默认情况下，文字是左对齐的。而在网页制作过程中，常常需要用到其他的对齐方式。
对齐方式的设置要用到 align 参数。

基本语法：

```
<align="对齐方式">
```

语法说明：

在该语法中，align 属性需要设置在标题标签的后面，其对齐方式的取值见表 3-2。

表 3-2   对齐方式

属 性 值	含 义
left	左对齐
center	居中对齐
right	右对齐

实例代码：

```
<!doctype html>
<html>
<head>
<meta charset="utf-8">
<title>段落的对齐属性</title>
</head>
<body>
在小雀儿的世界里，她会和蜜蜂吵架，会看到仙女洗澡，会和青蛙王子跳舞，她喜欢自由自在的生活，
<p align="right">向往着蓝天、白云，像鸟儿一样飞翔。她爱挑剔，会说谎，有着敏感多疑的
虚荣心，还会动些小聪明，</p>
<p align="center">会大声地说：“你好，我叫小雀儿，聪明、美丽、可爱的小雀儿。”
</p>
</body>
</html>
```

align="right"是设置段落为右对齐，align="center"是设置段落为居中对齐，在浏览器中预览，效果如图 3-5 所示。

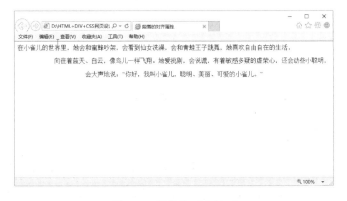

图 3-5 段落的对齐效果

3.3.3 不换行标签：<nobr>

在网页中如果某一行的文本过长，浏览器会自动对这段文字进行换行处理。可以使用<nobr>标签来禁止自动换行。

基本语法：

```
<nobr>不换行文字</nobr>
```

语法说明：

<nobr>标签用于使指定的文本不换行。<nobr>标签之间的文本不会自动换行。

实例代码：

```
<!doctype html>
<html>
```

```
<head>
<meta charset="utf-8">
<title>不换行标记</title>
</head>
<body>
<nobr>人生的道路上，有孤独、悲伤和痛苦，好在我们总有星的陪伴。愿每一个孩子都找到那个勇
敢自信的自己，愿美好的童话在我们的生活中长存。</nobr>
</body>
</html>
```

加粗部分的代码为不换行标签，在浏览器中预览，可以看到文字不换行一直往后排，如图 3-6 所示。

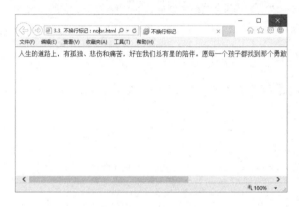

图 3-6　不换行效果

3.3.4　换行标签：

在 HTML 文本显示中，默认是将一行文字连续地显示出来，如果想将一个句子后面的内容在下一行显示就会用到换行标签
。换行标签是个单标签，也叫空标签，不包含任何内容，在 HTML 文件中的任何位置只要使用了
标签，当文件显示在浏览器中时，该标签之后的内容将在下一行显示。

基本语法：

```
<br>
```

语法说明：

一个
标签代表一个换行，连续的多个标签可以实现多次换行。

实例代码：

```
<!doctype html>
<html>
<head>
<meta charset="utf-8">
<title>换行标签</title>
</head>
```

```
<body>
缓慢悠长的成长过程中，命运之神赐予何以静的礼物并不多，儿时的玩伴陈冉冉是她收到的最美好
礼物之一。<br>虽然后来失散于茫茫人海，但她们一直牢记着彼此的约定，终于在大学校园里再度
重逢，<br>穿过命运的迷局与爱情的雾障，她们还能不忘初心，保持最初的纯真吗？
</body>
</html>
```

加粗部分的代码为设置换行标签，在浏览器中预览，可以看到换行的效果，如图 3-7 所示。

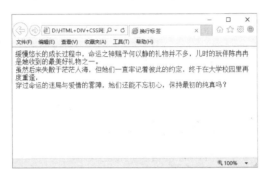

图 3-7　换行效果

提示：　
是唯一可以为文字分行的方法。其他标签如<p>，可以为文字分段。

3.4　水平线标签

水平线对于制作网页的朋友来说一定不会陌生，它在网页的版式设计中是非常有用的，可以用来分隔文本和对象。在网页中常常看到一些水平线将段落与段落隔开，这些水平线可以通过插入图片实现，也可以通过更简单的标签来完成。

3.4.1　插入水平线标签：<hr>

水平线标签，用于在页面中插入一条水平标尺线，使页面看起来整齐明了。
基本语法：

```
<hr>
```

语法说明：
在网页中输入一个<hr>标签，就添加了一条默认样式的水平线。
实例代码：

```
<!doctype html>
<html>
<head>
<meta charset="utf-8">
```

```
<title>插入水平线</title>
</head>
<body>
<h1>成功不是你能不能，而是你要不要</h1>
<p> </p>
<hr>
<p>在我们过去的经历中都有正性和负性的经验，不管这些经验是直接的还是间接的，都在某种程度
上影响着我们。所以，当我们遇到新的事情需要判断时，这些经验往往左右着我们的决定，而我们
今天的决定就会影响我们的未来。</p>
</body>
</html>
```

加粗部分的代码为水平线标签，在浏览器中预览，可以看到插入的水平线效果，如图 3-8
所示。

图 3-8　插入水平线效果

3.4.2　设置水平线宽度与高度的属性：width、size

默认情况下，水平线的宽度为 100%，可以使用 width 属性手动调整水平线的宽度。Size
属性用于改变水平线的高度。

基本语法：

```
<hr width="宽度">
<hr size="高度">
```

语法说明：

在该语法中，水平线的宽度值可以是确定的像素值，也可以是窗口的百分比。水平线
的高度只能使用绝对的像素值来定义。

实例代码：

```
<!doctype html>
<html>
<head>
<meta charset="utf-8">
```

```
<title>设置水平线宽度与高度属性</title>
</head>
<body>
<p><strong>成功不是你能不能，而是你要不要</strong></p>
<hr width="550"size="3">
<p>在我们过去的经历中都有正性和负性的经验，不管这些经验是直接的还是间接的，都在某种程度
上影响着我们。所以，当我们遇到新的事情需要判断时，这些经验往往左右着我们的决定，而我们
今天的决定就会影响我们的未来。</p>
</body>
</html>
```

加粗部分的代码为设置水平线的宽度和高度，在浏览器中预览，可以看到将宽度设置
为 550px，高度设置为 3px 的效果，如图 3-9 所示。

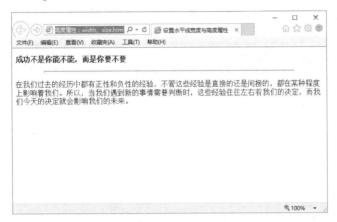

图 3-9　设置水平线参数

3.4.3　设置水平线的颜色：color

在网页设计过程中，如果随意利用默认水平线，常常会出现插入的水平线与整个网页
颜色不协调的情况。设置不同颜色的水平线可以为网页增色不少。

基本语法：

```
<hr color="颜色">
```

语法说明：

颜色代码是十六进制的数值或者颜色的英文名称。

实例代码：

```
<!doctype html>
<html>
<head>
<meta charset="utf-8">
<title>设置水平线的颜色</title>
</head>
```

```
<body>
<p>成功不是你能不能，而是你要不要</p>
<hr width="550"size="3" color="#CC0000">
<p>在我们过去的经历中都有正性和负性的经验，不管这些经验是直接的还是间接的，都在某种程度
上影响着我们。所以，当我们遇到新的事情需要判断时，这些经验往往左右着我们的决定，而我们
今天的决定就会影响我们的未来。</p>
</body>
</html>
```

加粗部分的代码为设置水平线的颜色，在浏览器中预览，可以看到水平线的颜色效果，
如图 3-10 所示。

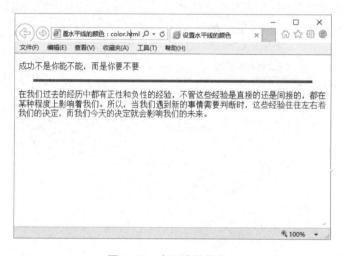

图 3-10　水平线的颜色

3.4.4　设置水平线的对齐方式：align

水平线在默认情况下是居中对齐的，如果想让水平线左对齐或右对齐，就需要设置对
齐方式。

基本语法：

```
<hr align="对齐方式">
```

语法说明：

在该语法中，对齐方式可以有 3 种，包括 center、left 和 right，其中 center 的效果与默
认的效果相同。

实例代码：

```
<!doctype html>
<html>
<head>
<meta charset="utf-8">
<title>设置水平线的对齐方式</title>
```

```
</head>
<body>
<p>成功不是你能不能，而是你要不要</p>
<hr align="center" width="400"size="2" color="#CC0000">
<p>在我们过去的经历中都有正性和负性的经验，不管这些经验是直接的还是间接的，都在某种程度
上影响着我们。所以，当我们遇到新的事情需要判断时，这些经验往往左右着我们的决定，而我们
今天的决定就会影响我们的未来。</p>
<p><hr width="200" size="2" color="#000000" align="left">
所以，要想成功就要把"不可能"的假设，换成"可能"的假设。也就是说：成功不是你能不能，
而是你要不要!
<hr align="right" width="200" size="2" color="#999900">
<p>很多人也是这样，在无数次的失败尝试中，对很多事情已经得出结论，于是，便放弃了。甚至机
会真的来的时候，他们也不愿意试一试。</p>
</body>
</html>
```

加粗部分的代码表示设置水平线的对齐方式，在浏览器中预览，可以看到水平线不同
对齐方式的效果，如图 3-11 所示。

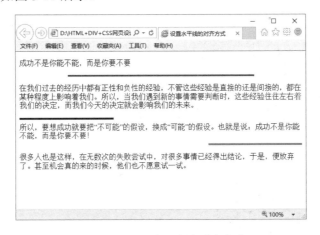

图 3-11　设置水平线的对齐方式

3.4.5　水平线去掉阴影：noshade

默认的水平线是空心立体的效果，可以将其设置为实心并且不带阴影的水平线。

基本语法：

```
<hr noshade>
```

语法说明：

noshade 是布尔值的属性，它没有属性值，如果在<hr>标签中写上了这个属性，则浏览
器不会显示立体形状的水平线，反之若不设置该属性，则浏览器默认显示一条立体形状带
有阴影的水平线。

实例代码：

```
<!doctype html>
<html>
<head>
<meta charset="utf-8">
<title>去掉水平线阴影</title>
</head>
<body>
<p>成功不是你能不能，而是你要不要</p>
<hr width="550"size="3"noshade>
<p>在我们过去的经历中都有正性和负性的经验，不管这些经验是直接的还是间接的，都在某种程度
上影响着我们。所以，当我们遇到新的事情需要判断时，这些经验往往左右着我们的决定，而我们
今天的决定就会影响我们的未来。</p>
</body>
</html>
```

加粗部分的代码为设置无阴影的水平线，在浏览器中预览，可以看到水平线没有阴影的效果，如图 3-12 所示。

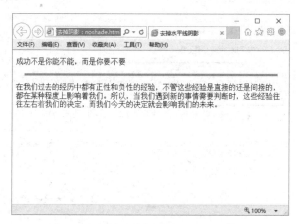

图 3-12　设置无阴影的水平线

3.5　使用<marquee>设置滚动效果

滚动字幕的使用使得整个网页更有动感，显得很有生气。现在的网站也越来越多地使用滚动字幕来加强网页的互动性。用 JavaScript 编程可以实现滚动字幕效果；用层也可以做出非常漂亮的滚动字幕。而用 HTML 的<marquee>滚动字幕标签所需的代码最少，确实能够以较少的下载时间换来较好的效果。

3.5.1　<marquee>标签及其属性

使用<marquee>标签可以将文字、图片等设置为动态滚动的效果。

基本语法：

```
<marquee
  aligh=left|center|right|top|bottom
  bgcolor=#n
  direction=left|right|up|down
  behavior=type
  height=n
  hspace=n
  scrollamount=n
  Scrolldelay=n
  width=n
  vspace=n
  loop=n>
```

语法说明：

只要在标签之间添加要进行滚动的文字即可。而且可以在标签之间设置这些文字的字体、颜色等。marquee 标签属性见表 3-3。

表 3-3　marquee 标签属性

属 性 值	说 明
direction	文字滚动方向。滚动方向可以包含 4 个取值，分别为 up、down、left 和 right，它们分别表示文字向上、向下、向左和向右滚动
behavior	设置文字的滚动方式，可以取值 scroll、slide、alternate。 scroll：循环滚动，默认效果；slide：只滚动一次就停止；alternate：来回交替进行滚动
loop	循环设置
scrollamount	滚动速度
scrolldelay	滚动延迟
bgcolor	滚动文字的背景设置
width、height	滚动背景面积
hspace、vspace	设置空白空间

3.5.2　使用<marquee>标签插入滚动公告

在网页的设计过程中，动态效果的插入，会使网页更加生动灵活、丰富多彩。<marquee>标签可以实现元素在网页中移动的效果，以达到动感十足的视觉效果。下面讲述使用<marquee>标签插入滚动公告的方法，具体操作步骤如下。

(1) 使用 Dreamweaver CC 打开网页文档，如图 3-13 所示。

(2) 打开代码视图，将光标置于文字的前面，输入代码"<marquee"，如图 3-14 所示。

(3) 在代码中，按空格键，弹出<marquee>的选项列表，从中选择 behavior，如图 3-15

所示。

图 3-13　网页文档

图 3-14　输入代码

图 3-15　选择属性

(4) behavior 的值选择 scroll，设置滚动显示的方式，如图 3-16 所示。

图 3-16 选择代码

(5) 按空格键，弹出<marquee>的选项列表，从中选择 direction，如图 3-17 所示。

图 3-17 选择属性

(6) direction 的值选择 up，设置滚动方向为向下，如图 3-18 所示。

图 3-18 设置滚动的方向

(7) 按空格键，弹出<marquee>的选项列表，从中选择 scrolldelay，如图 3-19 所示。

图 3-19　选择属性

(8) scrolldelay 的值选择 50，设置滚动速度。在代码后面输入">"，如图 3-20 所示。

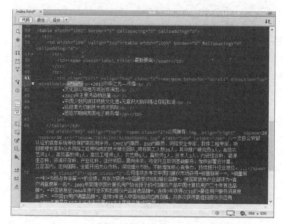

图 3-20　输入">"

(9) 在文字后输入</marquee>，如图 3-21 所示。

图 3-21　输入</marquee>

(10) 保存文档，完成滚动效果，如图 3-22 所示。

图 3-22　滚动效果

3.6　综合实例——设置页面文本及段落

文本的控制与布局在网页设计中占了很大比例，文本与段落也可以说是最重要的组成部分。本章通过大量实例详细讲述了文本与段落标签的使用，下面通过实例练习网页文本与段落的设置方法。

(1) 使用 Dreamweaver CC 打开网页文档，如图 3-23 所示。

图 3-23　网页文档

(2) 切换到代码视图，在文字的前面输入代码<font color="#060" face="宋体"size="3">，设置文字的颜色、字体、大小，如图 3-24 所示。

(3) 在代码视图中，在文字的最后面输入代码</font>，如图 3-25 所示。

(4) 打开代码视图，在文本中输入代码
，即可将文字分成相应的段落，如图 3-26 所示。

(5) 在拆分视图中，在文字中相应的位置输入 ，设置空格，如图 3-27 所示。

图 3-24　输入设置字体格式的代码

图 3-25　输入代码</font>

图 3-26　输入段落标签

图 3-27　输入空格标记

(6)　保存网页，在浏览器中预览效果，如图 3-28 所示。

图 3-28　设置页面及文本段落的效果

本 章 小 结

在各种各样的网页中，极少看见没有文字的网页，文字在网页中可以起到信息传递、导航以及交互的作用。在网页中添加文字并不困难，但主要问题是如何编排这些文字以及控制这些文字的显示方式，让文字看上去编排有序、整齐美观。本章主要讲述了设置文字格式、设置段落格式、设置水平线等知识。通过对本章的学习，读者应对网页中文字格式和段落格式的应用有一个初步的了解。

练 习 题

1. 填空题

(1) 标题_____标签是指HTML网页中对文本标题所进行的着重强调的一种标签，以标签_____设置文字依次减小显示重要性的递减。

(2) _____是HTML文档中最常见的标签，_____用来表示一个段落的起始。段落标签可以没有结束标签_____，而每一个新的段落标签开始的同时也意味着上一个段落的结束。

(3) 在网页中如果某一行的文本过长，浏览器会自动对这段文字进行换行处理。可以使用_____标签来禁止自动换行。

(4) _____标签代表水平分割模式，并会在浏览器中显示一条线。

(5) 网页的多媒体元素一般包括动态文字、动态图像、声音以及动画等，其中最简单的就是添加一些滚动效果，使用_____标签可以将文字设置为动态滚动的效果。

2. 操作题

设置页面文本及段落的具体实例，如图 3-29 所示。

图 3-29   设置页面文本及段落的效果

第 4 章　列表的建立和使用

【学习目标】

列表元素是网页设计中使用频率非常高的元素，在传统网站设计上，无论是新闻列表，还是产品或其他内容，均需要以列表的形式来展现。通过列表标签的使用能使这些内容在网页中条理清晰、层次分明、格式美观地表现出来，本章将重点介绍列表标签的使用。

本章主要内容包括：

(1)　使用无序列表；

(2)　使用有序列表；

(3)　列表条目元素；

(4)　定义列表标签。

4.1　使用无序列表

所谓无序列表是指列表中的各个元素在逻辑上没有先后顺序的列表形式。在无序列表中，各个列表项之间没有顺序级别之分，它通常使用一个项目符号作为每个列表项的前缀。无序列表主要使用<ul>、<dir>、<dl>、<menu>、<li>几个标签和 type 属性。

4.1.1　无序列表标签：<ul>

无序列表(Unordered List)是一个没有特定顺序的相关条目(也称为列表项)的集合，在无序列表中，各个列表项之间属并列关系，没有先后顺序之分。<ul>用于设置无序列表。

基本语法：

```
<ul>
<li>列表项</li>
<li>列表项</li>
<li>列表项</li>
...
</ul>
```

语法说明：

在该语法中，<ul>和</ul>标签表示无序列表的开始和结束，<li>则表示一个列表项的开始。

实例代码：

```
<!doctype html>
<html>
```

```
<head>
<meta charset="utf-8">
<title>无序列表标记</title>
</head>
<body>
<p>
<b>旅游景点</b>
</p>
<ul>
<li>国内</li>
<li>国外</li>
<li>摄影</li>
<li>亲子</li>
</ul>
</body>
</html>
```

加粗部分的代码用于设置无序列表，在浏览器中浏览效果如图 4-1 所示，可以看到列表之间没有顺序之分。

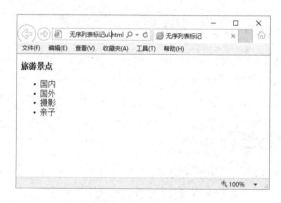

图 4-1　设置无序列表

4.1.2　设置无序列表类型的属性 type

默认情况下，无序列表的项目符号是●，type 属性规定列表的项目符号的类型，避免列表符号的单调。

基本语法：

```
<ul type="符号类型">
<li>列表项</li>
<li>列表项</li>
<li>列表项</li>
...
</ul>
```

语法说明：

在该语法中，无序列表其他的属性不变，type 属性则决定了列表项开始的符号。它可以设置的值有 3 个，见表 4-1。

表 4-1 无序列表的项目符号类型

类 型 值	列表项目的符号
disc(默认值)	黑色实心圆点"●"
circle	空心圆圈"○"
square	正方形"■"

实例代码：

```
<!doctype html>
<html>
<head>
<meta charset="utf-8">
<title>设置无序列表的类型</title>
</head>
<body>
<p><b>旅游景点</b></p>
<ul type="square">
<li>国内</li>
<li>国外</li>
<li>摄影</li>
<li>亲子</li>
</ul>
</body>
</html>
```

加粗部分的代码用于设置无序列表类型为方块，如图 4-2 所示。

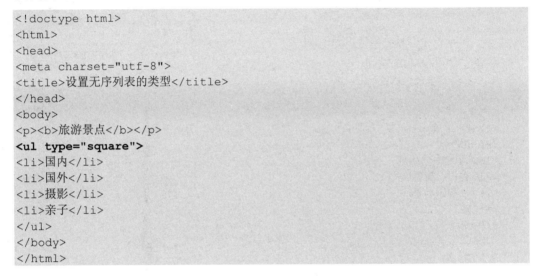

图 4-2 无序列表类型为方块

4.1.3 菜单列表标签：<menu>

<menu>标签可定义一个菜单列表。菜单列表在浏览器中的显示效果和无序列表是相同

的，<menu>标签是成对出现的，以<menu>开始，至</menu>结束。

基本语法：

```
<menu>
<li>列表项</li>
<li>列表项</li>
<li>列表项</li>
…
</menu>
```

语法说明：

在该语法中，<menu>和</menu>标志着菜单列表的开始和结束。

实例代码：

```
<!doctype html>
<html>
<head>
<meta charset="utf-8">
<title>菜单列表标签</title>
</head>
<body>
<b>景区名称</b>
<menu>
<li>八达岭</li>
<li>香山、植物园</li>
<li>颐和园</li>
<li>故宫</li>
</menu>
</body>
</html>
```

加粗部分的代码设置菜单列表，在浏览器中预览效果如图 4-3 所示。

图 4-3　菜单列表

4.1.4　目录列表：<dir>

目录列表用于显示文件内容的目录大纲，通常用于设计一个压缩窄列的列表，用于显示一系列的列表内容，例如字典中的索引或单词表中的单词等。列表中每项最多只能有 20 个字符。通过<dir>和<li>标签建立目录列表。

基本语法：

```
<dir>
<li>列表项</li>
<li>列表项</li>
<li>列表项</li>
…
</dir>
```

语法说明：

在该语法中，<dir>和</dir>标志着目录列表的开始和结束。

实例代码：

```
<!doctype html>
<html>
<head>
<meta charset="utf-8">
<title>目录列表</title>
</head>
<body>
<p>目录列表</p>
<dir>
<li>无序列表</li>
<li>有序列表</li>
<li>目录列表</li>
</dir>
</body>
</html>
```

加粗部分的代码是设置目录列表，在浏览器中预览，可以看到目录列表的效果，如图 4-4 所示。

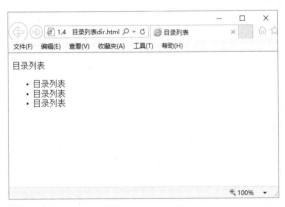

图 4-4　目录列表效果

4.2　使用有序列表

有序列表使用编号，而不是项目符号来编排项目。列表中的项目采用数字或英文字母作为序号，通常各项目间有先后的顺序性。在有序列表中，主要使用<ol>和<li>两个标签以及 type 和 start 属性。

4.2.1　有序列表标签：<ol>

有序列表中各个列表项使用编号排列，列表中的项目有先后顺序，一般采用数字或字母作为顺序号。

基本语法：

```
<ol>
<li>有序列表项</li>
<li>有序列表项</li>
<li>有序列表项</li>
<li>有序列表项</li>
<li>有序列表项</li>
...
</ol>
```

语法说明：

在该语法中，<ol>和</ol>标签标志着有序列表的开始和结束，而<li>和</li>标签表示这是一个列表项。

实例代码：

```
<!doctype html>
<html>
<head>
<meta charset="utf-8">
<title>有序列表标签</title>
</head>
<body>  <b>分类导航</b>
<ol>
<li>主题旅行</li>
<li>跟团游</li>
<li>自由行</li>
<li>目的旅行</li>
</ol>
</body>
</html>
```

加粗部分的代码是有序列表，在浏览器中预览，可以看到有序列表的序号，效果如图 4-5 所示。

图 4-5　有序列表效果

4.2.2　有序列表类型的属性：type

在默认情况下，有序列表使用数字序号作为列表的序号，可以通过 type 属性将有序列表的类型设置为英文或罗马字母。

基本语法：

```
<ol type="序号类型">
<li>列表项</li>
<li>列表项</li>
<li>列表项</li>
…
</ol>
```

语法说明：

有序列表的序号类型见表 4-2。

表 4-2　有序列表的序号类型

类 型 值	描　　述
l	默认值。数字有序列表(1、2、3、4)
a	按字母顺序排列的有序列表，小写(a、b、c、d)
A	按字母顺序排列的有序列表，大写(A、B、C、D)
i	罗马字母，小写(i, ii, iii, iv)
I	罗马字母，大写(I, II, III, IV)

实例代码：

```
<!doctype html>
<html>
```

```
<head>
<meta charset="utf-8">
<title>有序列表的类型</title>
</head>
<body>
 <b>浅谈教师的爱与责任，主要表现在以下几个方面：</b>
 <ol type="a">
<li>真诚无私地爱学生</li>
<li>要对学生心理健康负责</li>
<li>严是一种爱，宽容也是一种爱</li>
<li>不放弃每一个学生</li>
</ol>
</body>
</html>
```

加粗的代码表示将有序列表的序号类型设置为"a"，表示使用小写英文字母编号，在浏览器中浏览效果如图 4-6 所示。

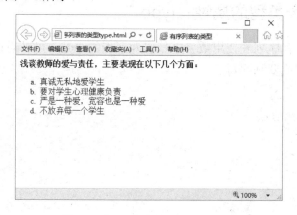

图 4-6　设置有序列表的序号类型

4.2.3　有序列表的起始数值：start

默认情况下，有序列表从数字 1 开始记数，这个起始值通过 start 属性可以调整，并且英文字母和罗马字母的起始值也可以调整。

基本语法：

```
<ol start="起始数值">
<li>列表项</li>
<li>列表项</li>
<li>列表项</li>
...
</ol>
```

语法说明：

在该语法中，起始数值只能是数字，但是同样可以对字母和罗马数字起作用。

实例代码：

```
<!doctype html>
<html>
<head>
<meta charset="utf-8">
<title>有序列表的起始数值</title>
</head>
<body>
<b>浅谈教师的爱与责任，主要表现在以下几个方面：</b>
<ol type="a" start="3">
<li>真诚无私地爱学生</li>
<li>要对学生心理健康负责</li>
<li>严是一种爱，宽容也是一种爱</li>
<li>不放弃每一个学生</li>
</ol>
</body>
</html>
```

加粗的代码表示将有序列表的起始数值设置为从第 3 个小写英文字母开始，在浏览器中浏览，效果如图 4-7 所示。

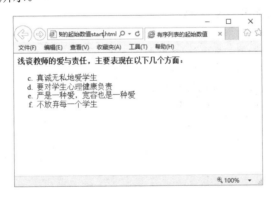

图 4-7　设置有序列表的起始数值

4.3　列表条目元素<li>

除了对列表标签<ol></ol>进行属性设置外，我们还可以对列表项标签<li></li>的属性进行设置。

4.3.1　项目符号的类型：type

使用列表项标签<li></li>的 type 属性，可以指定单个列表项的符号或编号，在列表标签<ol></ol>的 type 属性和列表项标签<li></li>的 type 属性发生冲突的情况下，所指定的单个列表项遵循<li></li>的 type 属性进行显示。

实例代码：

```
<!doctype html>
<html>
<head>
<meta charset="utf-8">
<title>项目符号的类型属性</title>
</head>
<body>
<p><strong>掌握2016年新型农村合作医疗有关规定，现告知如下：</strong></p>
<ol type="A">
<li>参合对象和筹资标准：</li>
<li type="1">筹资时间：</li>
<li>门诊医药费补偿标准及结报程序：</li>
<li>住院医药费结报程序及时限：<br />
</li>
</ol>
</body>
</html>
```

加粗的代码 type="A"和 type="1"，表示将第 2 个列表项的样式变为阿拉伯数字"2"，在浏览器中浏览，效果如图 4-8 所示。

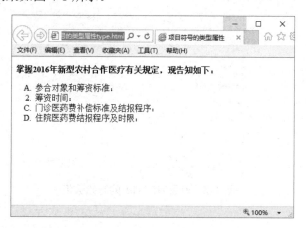

图 4-8　项目符号的类型

4.3.2　条目编号：value

上节列表项标签的 type 属性只能改变当前列表项的项目符合的样式，并不会改变其值大小，而使用列表项标签<li></li>的 value 属性，可以改变当前列表项的编号的大小，并会影响其后所有列表项的编号大小，但该属性只适用于有序列表。

基本语法：

```
<ol type="value">
```

语法说明：

type 属性规定有序列表的项目符号的类型。

实例代码：

```
<!doctype html>
<html>
<head>
<meta charset="utf-8">
<title>条目编号属性</title>
</head>
<body>
<p><strong>网页编辑软件: </strong></p>
<ol type="A">
<li>Microsoft FrontPage 软件</li>
<li value="4">Dreamweaver 网页制作软件</li>
<li>Flash 动画制作软件</li>
<li>PS(Photoshop)图像处理软件</li>
</ol>
<br />
</body>
</html>
```

加粗的代码中 value="4"的值仍需取阿拉伯数字"4"，而不能取大写英文字母"D"，此时尽管列表类型 type="A"，但从第 2 个列表项开始，以后的列表项序号从字母"D"开始编写，在浏览器中浏览，效果如图 4-9 所示。

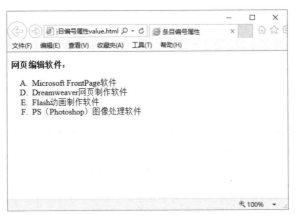

图 4-9　条目编号属性

4.4　定义列表标签<dl>

定义列表标签是一种两个层次的列表，用于解释名词的定义，"名词"为第一层次，"解释"为第二层次，并且不包含项目符号。定义列表也称为字典列表，因为它与字典具有相同的格式。在定义列表中，每个列表项带有一个缩进的定义字段，就好像字典对文字进行解释一样。通过<dl>、<dt>、<dd>标签建立定义列表。

基本语法：

```
<dl>
    <dt>...</dt>
        <dd>...</dd>
            <dd>...</dd>
            ....
    <dt>...</dt>
        <dd>...</dd>
            <dd>...</dd>
            ...
</dl>
```

语法说明：

<dl></dl>标签用来创建定义列表，<dt></dt>标签用来创建列表中的上层项目，此标签只能在<dl></dl>标签中使用，显示时<dt></dt>标签定义的内容将左对齐。<dd></dd>标签用来创建列表中的下层项目，此标签也只能在<dl></dl>标签中使用，显示时<dd></dd>标签定义的内容将相对于<dt></dt>标签定义的内容向右缩进。

实例代码：

```
<!doctype html>
<html>
<head>
<meta charset="utf-8">
<title>定义列表元素</title>
</head>
<body>
<p><strong>招聘信息: </strong>
<dl>
<dt>学历要求: </dt>
<dd>二类以上工科院校研究生(保送或公费研究生毕业)，且本科为二类以上院校</dd>
<dd>本科为二本以上院校，所学专业为工科类相关专业；</dd>
<dd>本科为二本以上工科相关专业，硕士为工程项目管理相关专业者优先。</dd>
<dd> </dd>
</dl>
<br />
<br />
</body>
</html>
```

加粗部分的代码用<dt></dt>标签定义了上层项目"招聘信息"和"学历要求"，并用<dd></dd>标签分别定义了其相应的下层项目，它们之间以缩进的形式使得层次清晰，效果如图4-10所示。

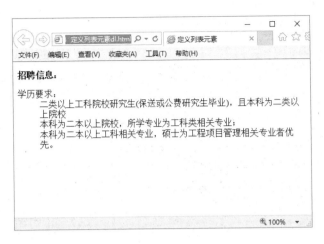

图4-10　定义列表

本 章 小 结

HTML 中的列表元素、列表形式在网站设计中占有很大的比重，显示信息非常整齐直观，便于用户理解。本章讲述了无序列表、有序列表、列表条目元素和定义列表元素的具体使用。

练 习 题

1. 填空题

(1) 所谓无序列表是指列表中的各个元素在逻辑上没有＿＿＿＿＿＿的列表形式。在无序列表中，各个列表项之间没有顺序级别之分，它通常使用一个＿＿＿＿＿＿作为每个列表项的前缀。

(2) 有序列表使用＿＿＿＿，而不是项目符号来编排项目。列表中的项目采用数字或英文字母开头，通常各项目间有＿＿＿＿＿＿。在有序列表中，主要使用＿＿＿和＿＿＿两个标记以及 type 和 start 属性。

2. 操作题

根据本章所学的知识，采用有序列表技术编写出具有如图4-11所示的运行效果的程序。

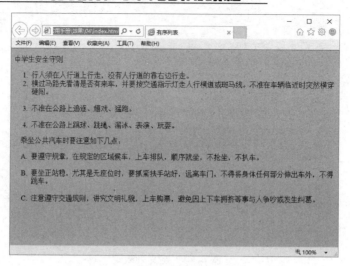

图 4-11　有序列表

第 5 章　用 HTML 创建精彩的图像和多媒体页面

【学习目标】

图像是网页中不可缺少的元素，在网页中巧妙地使用图像可以为网页增色不少。网页美化最简单、最直接的方法就是在网页上添加图像，图像不但使网页更加美观、形象和生动，而且使网页中的内容更加丰富多彩。利用图像创建精美网页，能够给网页增加生机，从而吸引更多的浏览者。在网页中，除了可以插入文本和图像外，还可以插入动画、声音、视频等媒体元素，如滚动效果、Flash、Applet、ActiveX 及 Midi 声音文件等。通过对本章的学习，读者可以掌握多媒体文件的使用，从而丰富网页的效果，吸引浏览者的注意。

本章主要内容包括：
(1)　网页中常见的图像格式；
(2)　插入图像并设置图像属性；
(3)　添加多媒体文件；
(4)　添加背景音乐；
(5)　创建多媒体网页；
(6)　创建图文混合排版网页。

5.1　网页中常见的图像格式

每天在网络上交流的用户数不胜数，因此使用图像格式一定能够被每一个操作平台接受，当前网上流行的图像格式通常以 GIF 和 JPEG 为主，另外还有一种名为 PNG 的文件格式，也被越来越多地应用在网络中。下面就对这 3 种图像格式的特点进行介绍。

1. GIF 格式

GIF 是英文单词 Graphic Interchange Format 的缩写，即图像交换格式，文件最多可使用 256 种颜色，最适合显示色调不连续或具有大面积单一颜色的图像，例如导航条、按钮、图标、徽标或其他具有统一色彩和色调的图像。

GIF 格式的最大优点就是可制作动态图像，可以将数张静态文件作为动画帧串联起来，转换成一个动画文件。

GIF 格式的另一优点就是可以将图像以交错的方式在网页中呈现。所谓交错显示，就是当图像尚未下载完成时，浏览器会先以马赛克的形式将图像慢慢显示，让浏览者可以大略猜出下载图像的雏形。

2．JPEG 格式

JPEG 是英文单词 Joint Photographic Experts Group 的缩写，它是一种图像压缩格式。此文件格式是用于摄影或连续色调图像的高级格式，这是因为 JPEG 文件可以包含数百万种颜色。随着 JPEG 文件品质的提高，文件的大小和下载时间也会随之增加。通常可以通过压缩 JPEG 文件在图像品质和文件大小之间达到良好的平衡。

JPEG 格式是一种压缩的非常紧凑的格式，专门用于不含大色块的图像。JPEG 图像有一定的失真度，但是在正常的损失下肉眼分辨不出 JPEG 和 GIF 图像的区别，而 JPEG 文件的大小只有 GIF 文件的 1/4。JPEG 对图标之类的含大色块的图像不是很有效，不支持透明图和动态图，但它能够保留全真的色调板格式。如果图像需要全彩模式才能表现出效果的话，JPEG 就是最佳的选择。

3．PNG 格式

PNG(Portable Network Graphics)图像格式是一种非破坏性的网页图像文件格式，它提供了将图像文件以最小的方式压缩却又不造成图像失真的技术。它不仅具备了 GIF 图像格式的大部分优点，而且还支持 48 位的色彩、更快地交错显示、跨平台的图像亮度控制、更多层的透明度设置。

5.2 插入图像并设置图像属性

我们今天看到的网页丰富多彩，都是因为图像等多媒体的作用。想一想过去，网页全部是纯文本，非常枯燥，就知道图像在网页设计中的重要性了。在 HTML 页面中可以插入图像，并设置图像的属性。

5.2.1 图像标签：<img>

有了图像文件后，就可以使用<img>标签将图像插入到网页中，从而达到美化网页的效果。<img>标签的相关属性见表 5-1。

表 5-1　图像属性

属　性	描　述
src	图像的源文件
alt	提示文字
width、height	宽度和高度
border	边框
vspace	垂直间距
hspace	水平间距

续表

属　性	描　述
align	对齐方式
dynsrc	设定 avi 文件的播放
loop	设定 avi 文件循环播放次数
loopdelay	设定 avi 文件循环播放延迟
start	设定 avi 文件播放方式
lowsrc	设定低分辨率图片
usemap	映像地图

5.2.2　图像的源文件：src

<img>标签的 src 属性是必需的。它的值是图像文件的 URL，也就是引用该图像的文件的绝对路径或相对路径。

基本语法：

```
<img src="图像文件的地址">
```

语法说明：

该语法中，src 参数用来设置图像文件所在的路径，这一路径可以是相对路径，也可以是绝对路径。

实例代码：

```
<!doctype html>
<html>
<head>
<meta charset="utf-8">
<title>插入图像</title>
</head>
<body>
<img src="1.jpg" width="614" height="600" />
</body>
</html>
```

加粗部分代码是插入图像，效果如图 5-1 所示。

图 5-1　插入图像

5.2.3　图像的提示文字：alt

alt 属性是一个必需的属性，它规定在图像无法显示时的替代文本。

基本语法：

```
<a alt="value">
```

语法说明：

<img>标签的 alt 属性指定了替代文本，用于在图像无法显示或者用户禁用图像显示时，代替图像显示在浏览器中的内容。

实例代码：

```
<!doctype html>
<html>
<head>
<meta charset="utf-8">
<title>图像的提示文字</title>
</head>
<body>
<img src="3.jpg" width="500" height="356" /  alt="定襄郡 - 房产" />
<img src="2.jpg" width="500" height="356" /  alt="定襄郡 - 房产" />
</body>
</html>
```

加粗部分的第 1 行是图像显示的时候，而第 2 行是图像不显示的时候即可显示替代文本，如图 5-2 所示。

图 5-2　替代文本

5.2.4　图像的宽度和高度：width、height

通过 width 属性定义表格的宽度，height 属性定义表格的高度，单位是像素或百分比。如果是百分比，则可分为两种情况：如果不是嵌套表格，那么百分比是相对于浏览器窗口而言；如果是嵌套表格，则百分比相对的是嵌套表格所在的单元格宽度。

基本语法：

```
<img src="图像文件的地址" width="图像的宽度" height="图像的高度">
```

语法说明：

在该语法中，height 设置图像的高度，width 用来定义图片的宽度，如果<img>标签不定义宽度，图片就会按照它的原始尺寸显示。

实例代码：

```
<!doctype html>
<html>
<head>
<meta charset="utf-8">
<title>设置图像高度</title>
</head>
<body>
<img src="4.jpg" width="353" height="276"/>
<img src="4.jpg" width="295"height="209"/>
</body>
</html>
```

加粗部分的代码第 1 行是没有调整的图像，而第 2 行是调整后图像的高度和宽度，在浏览器中预览可以看到调整前后图像的对比，如图 5-3 所示。

图 5-3 调整图像的高度

📳 **提示：** 尽量不要通过 height 和 width 属性来缩放图像。如果通过 height 和 width 属性来缩小图像，那么用户就必须下载大容量的图像(即使图像在页面上看上去很小)。正确的做法是，在网页上使用图像之前，应该通过软件把图像处理为合适的尺寸。

5.3 添加多媒体文件

在网页中常见的多媒体文件包括声音文件和视频文件，如果能在网页中添加这些多媒体文件，则可以使单调的网页变得更加生动，但是如果要正确浏览嵌入这些文件的网页，就需要在客户端的计算机中安装相应的播放软件。

5.3.1 添加多媒体文件标签：<embed>

使用<embed>标签可以将多媒体文件嵌入网页中，格式可以是 midi、wav、aiff、au 等。

基本语法：

```
<embed src="多媒体文件地址" width="多媒体的宽度" height="多媒体的高度"></embed>
```

语法说明：

该语法中，width 和 height 一定要设置，单位是像素，否则无法正确显示播放多媒体的软件。

实例代码：

```
<!doctype html>
<html>
<head>
<meta charset="utf-8">
<title>添加多媒体文件标签</title>
</head>
<body>
<embed src=" shipin.flv" width="500" height="400"></embed>
</body>
</html>
```

加粗部分的代码是插入多媒体，在浏览器中预览插入的视频，效果如图 5-4 所示。

图 5-4 插入多媒体文件效果

5.3.2 设置自动运行：autostart

登录网页时常常会看到一些视频文件直接开始运行，不需要手动开始，特别是一些广告内容，这是通过 autostart 属性来实现的。

基本语法：

```
<embed src="多媒体文件地址" autostart ="是否自动运行" loop ="是否循环播放">
</embed>
```

语法说明：

该属性规定音频或视频文件是否在下载完之后就自动播放。autostart 的取值有两个：一个是 true，表示自动播放；另一个是 false，表示不自动播放。loop 的取值不是具体的数字，而是 true 或 false，如果取值为 true，表示媒体文件将无限次地循环播放，而如果取值为 false，则只播放一次。

实例代码：

```
<!doctype html>
<html>
<head>
<meta charset="utf-8">
<title>设置自动运行</title>
</head>
<body>
<embed src="images/shanghai.flv"width="250"height="180"autostart="true">
</embed>
<embed src="images/shanghai.flv"width="250"height="180"autostart="false">
</embed>
</body>
</html>
```

加粗部分的代码第 1 行是自动播放视频，第 3 行代码则是要手动播放，如图 5-5 所示。

图 5-5　设置自动运行效果

5.4　添加背景音乐

许多有特色的网页上放置了背景音乐，随网页的打开而循环播放。在网页中加入一段背景音乐，只要用<bgsound>标签就可以实现。

5.4.1　设置背景音乐：<bgsound>

在网页中，除了可以嵌入普通的声音文件外，还可以为某个网页设置背景音乐。

基本语法：

```
<bgsound src="背景音乐的地址" hidden="是否隐藏播放器按钮" autostart="是否自动播放">
```

语法说明：

src 是音乐文件的地址，可以是绝对路径也可以是相对路径。背景音乐的文件可以是 avi、mp3 等声音文件。

hidden="true" 意思是隐藏播放器按钮，hidden="false"则表示显示。

autostart="true"意思是打开网页，加载完后自动播放。

实例代码：

```
<!doctype html>
<html>
<head>
<meta charset="utf-8">
<title>无标题文档</title>
<bgsound src="yinyue.mp3" hidden="true" autostart="true">
</head>
<body>
<img src="5.jpg" width="669" height="433" />
</body>
</html>
```

加粗部分的代码是插入背景音乐，在浏览器中预览可以听到音乐播放，如图 5-6 所示。

图 5-6　设置背景音乐

5.4.2　设置循环播放次数：loop

通常情况下，背景音乐需要不断地播放，可以通过设置 loop 来实现循环次数的控制。

基本语法：

```
<bgsound loop="loop" />
```

语法说明：

loop 是循环次数，-1 是无限循环。

实例代码：

```
<!doctype html>
<html>
<head>
<meta charset="utf-8">
<title>无标题文档</title>
</head>
<bgsound src="yinyue.mp3" hidden="true" autostart="true" loop="5">
<body>
<img src="6.jpg" width="1024" height="597" />
</body>
</html>
```

加粗部分的代码是插入背景音乐，在浏览器中预览，可以听到背景音乐循环播放 5 次后，自动停止播放，如图 5-7 所示。

图 5-7   背景音乐循环播放 5 次后自动停止播放

5.5   插入 Flash 动画

<embed>标签可以用来插入各种多媒体文件，格式可以是 midi、wav、aiff、au、mp3 等，Netscape 及新版的 IE 都支持。<embed>标签用于播放一个多媒体对象。

基本语法：

```
<embed src="url" loop="true | false" autostart="true | false" width="多
媒体的宽度" height="多媒体的高度"></embed>
```

语法说明：

src 指定多媒体文件的 URL，即其路径，可以是相对路径或绝对路径。为必选属性。

loop 指定声音等文件的循环播放次数，值为 true，可循环播放无限次，值为 false，只播放一次，false 为默认值。

autostart 指定多媒体文件下载后是否自动播放。

实例代码：

```
<!doctype html>
<html>
<head>
<meta charset="utf-8">
<title>插入 Flash 动画</title>
</head>
<body>
<embed src="动画.swf" width="780" height="400"></embed>
</body>
</html>
```

加粗部分的代码是插入多媒体文件，在浏览器中预览插入的 Flash 动画效果，如图 5-8 所示。

图 5-8　插入 Flash 动画效果

5.6　综 合 实 例

本章主要讲述了网页中常用的图像格式及如何在网页中插入图像、设置图像属性、在网页中插入多媒体等，下面通过以上所学的知识讲述两个实例。

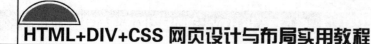

综合实例 1——创建多媒体网页

下面将通过具体的实例来讲述创建多媒体网页，具体操作步骤如下。

(1) 使用 Dreamweaver CC 打开网页文档，如图 5-9 所示。

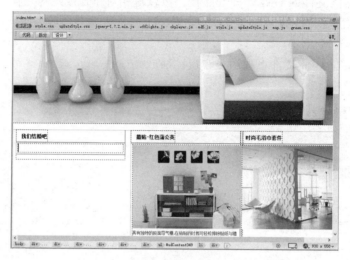

图 5-9　网页文档

(2) 打开拆分视图，在相应的位置输入代码<embed src="images/top.swf" width="278" height="238"></embed>，如图 5-10 所示。

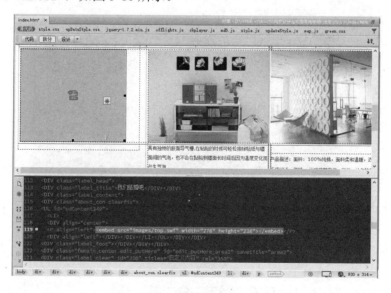

图 5-10　输入代码

(3) 将光标置于"<head>"后面，输入背景音乐代码<embed src="images/yinyue.mp3" hidden="true" autostart="true" loop="-1">，设置播放的次数，如图 5-11 所示。

图 5-11 输入背景音乐代码

(4) 保存文档，按 F12 键在浏览器中预览，如图 5-12 所示。

图 5-12 预览效果

综合实例 2——创建图文混合排版网页

虽然使用各种图片可以使网页显得更加漂亮，但有时也需要在图片旁边添加一些文字说明。图文混排一般有多种方法，对于初学者而言，可以将图片放置在网页的左侧或右侧，然后将文字内容放置在图片旁边。下面讲述图文混排的方法，具体步骤如下。

(1) 使用 Dreamweaver CC 打开网页文档，如图 5-13 所示。

(2) 打 开 拆 分 视 图 ， 将 光 标 置 于 相 应 的 位 置 ， 输 入 图 像 代 码 <img src="images/xianhua.gif">，如图 5-14 所示。

(3) 输入 width="400" height="280"，设置图像的高和宽，如图 5-15 所示。

(4) 输入 hspace="10" vspace="5"，设置图像的水平边距和垂直边距，如图 5-16 所示。

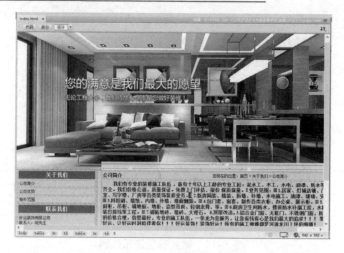

图 5-13　网页文档

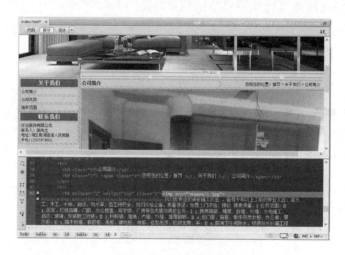

图 5-14　输入图像代码

图 5-15　设置图像的高和宽

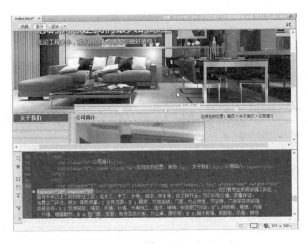

图 5-16　设置图像的水平边距和垂直边距

(5)　输入 border="1"，用来设置图像的边框，如图 5-17 所示。

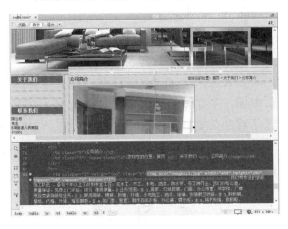

图 5-17　设置图像的边框

(6)　输入 align="left"，设置图像的对齐方式为左对齐，如图 5-18 所示。

图 5-18　设置图像的对齐方式

(7) 保存文档，按 F12 键，在浏览器中预览，效果如图 5-19 所示。

图 5-19　图文混合排版效果

本 章 小 结

在网页中使用图像，可以使网页更加生动和美观，现在很多网页中都可以看到大量的图像。本章介绍了在网页中插入多媒体的知识，在 HTML 代码中插入声音、视频等。通过对本章的学习，读者可以了解网页支持的 3 种图像格式(GIF、JPEG 和 PNG)，以及插入图像和设置图像属性的知识，读者应对网页中多媒体的应用有一个深刻的了解和简单的运用，以便在制作自己的网页时利用这些元素为网页生香添色。

练 习 题

1. 填空题

(1) _____属性是一个必需的属性，它规定在图像无法显示时的替代文本。

(2) 使用_____标签可以将多媒体文件嵌入到网页中。在网页中常见的多媒体文件包括_____和_____。

(3) 在网页中加入一段背景音乐，有时也可以达到意想不到的效果，这只要用_____标签就可以实现。通常情况下，背景音乐需要不断地播放，可以通过设置_____来实现循环次数的控制。

2. 操作题

在网页中插入图像并设置图像属性，如图 5-20 所示。

图 5-20　在网页中插入图像

第6章 用 HTML 创建超链接

【学习目标】

超链接是 HTML 文档的最基本特征之一。超链接的英文名是 hyperlink，它能够让浏览者在各个独立的页面之间方便地跳转。每个网站都是由众多的网页组成的，网页之间通常都是通过链接的方式相互关联的。

本章主要内容包括：

(1) 超链接的基本概念；

(2) 创建基本超链接；

(3) 创建图像的超链接；

(4) 创建锚点链接；

(5) 创建外部链接。

6.1 超链接的基本概念

超链接是网页中最重要的元素之一，是从一个网页或文件到另一个网页或文件的链接，包括图像或多媒体文件，还可以指向电子邮件地址或程序。在网页上加入超链接，就可以把 Internet 上众多的网站和网页联系起来，构成一个有机的整体。

超链接由源地址文件和目标地址文件构成，当访问者单击超链接时，浏览器会从相应的目标地址检索网页并显示在浏览器中。如果目标地址不是网页而是其他类型的文件，浏览器会自动调用本机上的相关程序打开所访问的文件。

链接由以下 3 个部分组成。

(1) 位置点标签<a>：将文本或图片标识为链接。

(2) 属性 href=""：放在位置点起始标记中。

(3) 地址(称为 URL)：浏览器要链接的文件。URL 用于标识 Web 或本地磁盘上的文件位置，这些链接可以是指向某个 HTML 文档，也可以指向文档引用的其他元素，如图形、脚本或其他文件。

6.2 创建基本超链接

超链接的范围很广泛，利用它不仅可以进行网页间的相互链接，还可以使网页链接到相关的图像文件、多媒体文件及应用程序等。

6.2.1 超链接标签

超链接标签<a>在 HTML 中既可以作为一个跳转到其他页面的链接，也可以作为"埋设"在文档中某处的一个"锚定位"。<a>也是一个行内元素，它可以成对出现在一段 HTML 代码的任何位置。

基本语法：

```
<a 属性="链接目标">链接显示文本</a>
```

语法说明：

在该语法中，<a>标签的属性值见表 6-1。

表 6-1 <a>标签的属性

属　性	说　明
href	指定链接地址
name	给链接命名
title	给链接添加提示文字
target	指定链接的目标窗口

实例代码：

```
<!doctype html>
<html>
<head>
<meta charset="utf-8">
<title>超链接标签</title>
</head>
<body>
<p><a href="1">行业资讯</a></p>
<p><a href="2">高速路灯光照明-为什么高速不设路灯？2016-09-03</a>
<br>
<a href="3">生存-发展-壮大，LED 照明大众品牌市场..2016-</a>
<a href="2">09-02</a>
<br>
<a href="index2.html">博物馆照明--不能忘却的记忆</a><a href="3">.2016-</a>
<a href="2">09-01</a>
<br>
<a href="6">走下坡路或关闭的照明企业 2016-08-30</a>
<br>
</p>
</body>
</html>
```

加粗部分的代码为设置文档中的超链接，在浏览器中预览可以看到超链接效果，如图 6-1 所示。

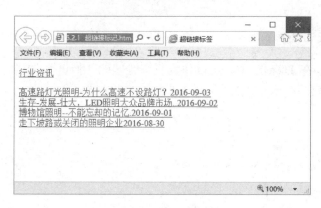

图 6-1　超链接效果

6.2.2　设置目标窗口

在创建网页的过程中，默认情况下超链接在原来的浏览器窗口中打开，可以使用 target 属性来控制打开的目标窗口。

基本语法：

```
<a href="超链接目标" target="目标窗口的打开方式">
```

语法说明：

在该语法中，target 参数的属性有 4 种，见表 6-2。

表 6-2　target 参数的属性

属 性 值	含　义
_self	在当前页面中打开超链接
_blank	在一个全新的空白窗口中打开超链接
_top	在顶层框架中打开超链接，也可以理解为在根框架中打开超链接
_parent	在当前框架的上一层里打开超链接

实例代码：

```
<!doctype html>
<html>
<head>
<meta charset="utf-8">
<title>超链接标签</title>
</head>
<body>
<p><a href="1">行业资讯</a></p>
<p><a href="2">高速路灯光照明-为什么高速不设路灯？2016-09-03</a><br>
<a href="3">生存-发展-壮大，LED 照明大众品牌市场..2016-09-02</a><br>
```

```
<a href="6.2.1 超链接标记.html" target="_blank">博物馆照明--不能忘却的记
忆.2016-09-01</a><br>
<a href="6" > 走下坡路或关闭的照明企业2016-08-30</a><br>
</p>
</body>
</html>
```

加粗部分的代码是设置内部超链接的目标窗口,在浏览器中预览设置超链接的对象,单击时可以打开一个新的窗口,如图 6-2 所示。

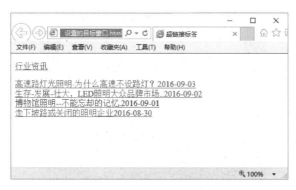

图 6-2 设置超链接目标窗口

6.3 创建图像超链接

图像的超链接和文字的超链接方法是一样的,都是用<a>标签来完成,只要将<img>标签放在<a>和</a>之间就可以了。用作图像超链接的图片上有蓝色的边框,这个边框颜色也可以在<body>标签中设定。

6.3.1 设置图像超链接

设置普通图像超链接的方法非常简单,可通过<a></a>标签来实现。
基本语法:

```
<a href="链接目标">链接的图像</a>
```

语法说明:
给图像添加超链接,使其指向其他的网页或文件,这就是图像超链接。
实例代码:

```
<!doctype html>
<html>
<head>
<meta charset="utf-8">
<title>设置图像超链接</title>
</head>
```

```
<body>
<a href="index.html"><img src="1.jpg" width="650" height="496" alt=""/></a>
</body>
</html>
```

代码中加粗部分是为图像添加空链接，在浏览器中预览，当鼠标指针放置在链接的图像上时，鼠标指针会发生相应的变化，如图 6-3 所示。

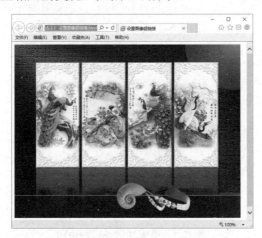

图 6-3　图像超链接的效果

在网页中我们经常看到一些图像超链接，如图 6-4 所示。

图 6-4　网页上的图像超链接

6.3.2　设置图像热区链接

图像整体可以是一个超链接的载体，而且图像中的一部分或多个部分也可以分别成为不同的链接，就是图像的热区链接。图像链接单击的是图像，而热点链接单击的是图像中的热点区域。

基本语法：

```
<img usemap="#热区名称">
<map name="热区名称">
<area shape="热点形状" coords="区域坐标" href="#链接目标" alt="替换文字">
...
</map>
```

语法说明：

在<area>标签中定义了热区的位置和链接，其中 shape 参数用来定义热区形状，热点的形状包括 rect(矩形区域)、circle(椭圆形区域)和 poly(多边形区域)3 种，对于复杂的热点图像可以选择多边形工具来进行绘制。coords 参数则用来设置区域坐标，对于不同形状来说，coords 设置的方式也不同。

实例代码：

```
<!doctype html>
<html>
<head>
<meta charset="utf-8">
<title>无标题文档</title>
</head>
<body>
<img src="3.jpg" alt="" width="951" height="536" usemap="#Map"/>
<map name="Map">
  <area shape="rect" coords="150,22,204,133" href="#1">
  <area shape="rect" coords="230,16,311,136" href="#2">
  <area shape="rect" coords="669,20,742,140" href="#3">
  <area shape="rect" coords="768,18,837,138" href="#4">
  <area shape="rect" coords="870,21,941,136" href="#5">
</map>
</body>
</html>
```

加粗部分的代码中 name="Map"和 shape="rect"，表示将热区的名称设置为 Map，热点形状设置为 rect(矩形区域)，并分别设置了热区的区域坐标和超链接目标，如图 6-5 所示。

图 6-5　设置图像的热区链接效果

6.4　创建锚点链接

在网站中经常会有一些文档页面由于文本或者图像内容过多，导致页面过长。访问者需要不停地拖动浏览器上的滚动条来查看文档中的内容。为了方便用户查看文档中的内容，在文档中需要进行锚点链接。

6.4.1　创建锚点

锚点就是指在给定名称的一个网页中的某一位置，在创建锚点链接前首先要建立锚点。

基本语法：

```
<a name="锚点名称"></a>
```

语法说明：

利用锚点名称可以链接到相应的位置。这个名称只能包含小写 ASCII 和数字，且不能以数字开头，同一个网页中可以有无数个锚点，但是不能有相同名称的两个锚点。

实例代码：

```
<!doctype html>
<html>
<head>
<meta charset="utf-8">
<title>无标题文档</title>
<style type="text/css">
body {
    background-color: #81F13C;
}
</style>
</head>
<body>
<table width="800" border="0" align="center" cellpadding="3"
cellspacing="3">
  <tbody>
    <tr>
      <td style="font-size: 36px; text-align: center;">桃源科技</td>
    </tr>
    <tr>
      <td style="font-size: 18px"><strong>1.公司简介 2.企业文化 3.发展策略
</strong></td>
    </tr>
    <tr>
      <td valign="top" style="font-size: 16px"><p><strong><p>
<a name="gongsijianjie"></a>一、公司简介 </p></strong></p>
```

```
    <p>      <span style="font-size: 16px"><span style="font-size: 14px">
```
公司业务覆盖城市交通、公路交通、轨道交通、民航等领域，"大交通"产业布局已经形成，是国内唯一一家综合型交通运输信息化企业；公司以大数据为驱动、移动互联网为载体，已实现公司定位从智能交通向"互联网+"大潮下的智慧交通转变、公司角色从产品提供商向运营服务商的转变。公司兼具从软件定制、研发到硬件生产、销售再到系统集成、整合的能力，形成覆盖从产品到服务再到解决方案的智能交通全产业链；不断完善项目建设型和投资运营型业务布局，持续丰富 2G、2B、2C 产品线，积极打造"千方出行"品牌，提升公司运营和服务能力。今后，公司将充分利用资本平台、技术和成果转化平台，在公交电子站牌、智慧停车、汽车电子标识、全国客运联网售票服务平台、民航出行信息服务等领域积极实现产品创新与突破。`<br>`

```
    <br>
```
公司尤其注重高端人才的培养和引进，以及先进技术的集成和创新，积极推动校企合作，与多所大学、学院签署协议或达成意向，在人才培养、项目合作、技术研发等方面展开合作，探讨人才培养长效机制。`</span></span></p>`

```
    <p>      <span style="/* [disabled]font-size: 14px; */">
```
传承中国钢研科技集团有限公司 60 年的科研实力，公司建立了以"创新、创誉、创利"为目标的技术创新体系，拥有一支以 7 名中国工程院院士、60 余位博士为核心的研发团队。公司共荣获国家发明奖、国家科技进步奖及省部级以上奖励 82 项，全国科技大会奖 42 项，授权专利 220 项。公司企业技术中心是首批国家认定企业技术中心，设有 4 个国家级，14 个省、市级工程技术研究中心/实验室和博士后科研工作站，并与清华大学、浙江大学、中科院等高校、科研院所及海外知名企业建立了"先进材料研究与开发战略合作"伙伴关系。公司承担并建设完成多项国家重点项目，取得了显著的社会和经济效益。`<br>`

```
    </span></p>
    <p><strong><a name="wenhua"></a>二、企业文化</strong></p>
    <p>      <span style="font-size: 16px">安全：坚守安全基石，领导安全品质。
</span></p>
    <p><span style="font-size: 16px">              高效：全面精准效率，敏锐实时跟
进。</span></p>
    <p><span style="font-size: 16px">              专业：专注行业安全，专业铸造辉
煌。</span></p>
    <p><span style="font-size: 16px">              创新：感悟辉煌文化，再创科技新
高。</span></p>
    <p>      愿景：行业的标杆，企业的楷模，人才的圣地。<br>
    <br>
        使命：为客户提供绿色、优质、高性价比的产品和服务，让人类享受更美好的生活。<br>
    <br>
        核心价值观：尊重、诚信、创新，成就客户、成就企业、成就员工。<br>
    <br>
        龟文化：不一定做 500 强，要做 500 年，基业长青，永续经营。<br>
    <br>
        狼精神：事无艰难，何需人杰；败则拼死相救，成则举杯相庆。 <br>
    </p>
    <p><strong><a name="fazhan"></a>三、发展策略</strong></p>
    <p>      <span style="font-size: 16px">2015 年 获得信息技术服务运行维护标准
二级证书<br>
    <br>
        2014 年 北京国铁路阳技术有限公司成为公司全资子公司<br>
```

```
    <br>
       2013 年 公司有效专利突破 100 项<br>
    <br>
       2012 年 通过 ISO 20000 体系认证<br>
    <br>
       2011 年 通过职业健康安全管理体系认证、环境管理体系认证<br>
    <br>
       2010 年 "辉煌牌"获得河南省著名商标<br>
    <br>
       2010 年 获得铁路施工三级资质<br>
    <br>
      2010 年 获得计算机信息系统集成企业资质证书一级资质</span></p></td>
  </tr>
 </tbody>
</table>
<p> </p>
</body>
</html>
```

加粗部分的代码是创建的锚点,在浏览器中预览效果,如图 6-6 所示。

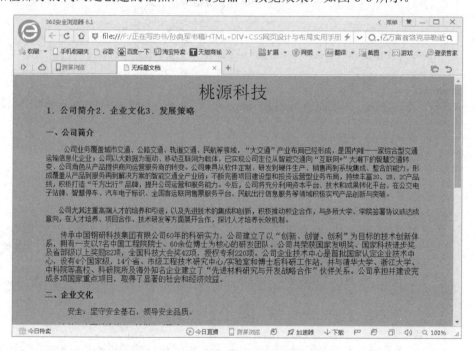

图 6-6　创建锚点

6.4.2　锚点链接

建立了锚点以后,就可以创建到锚点的超链接,需要用"＃"号以及锚点的名称作为 href 属性值。

基本语法:

```
<a href="#锚点的名称">…</a>
```

语法说明:

在该语法中,在 href 属性后输入页面中创建的锚点名称,可以链接到页面中不同的位置。

实例代码:

```
<!doctype html>
<html>
<head>
<meta charset="utf-8">
<title>无标题文档</title>
<style type="text/css">
body {
    background-color: #81F13C;
}
</style>
</head>
<body>
<table width="800" border="0" align="center" cellpadding="3"
cellspacing="3">
  <tbody>
    <tr>
      <td style="font-size: 36px; text-align: center;">桃源科技</td>
    </tr>
    <tr>
      <td style="font-size: 18px"><strong><a href="#gongsijianjie">1.公司简
介</a>2<a href="#wenhua">.企业文化 3</a>.<a href="#fazhan">发展策略</a>
</strong></td>
    </tr>
    <tr>
      <td valign="top" style="font-size: 16px"><p>
<strong><p><a name="gongsijianjie"></a>一、公司简介 </p></strong></p>
        <p>    <span style="font-size: 14px">公司业务覆盖城市交通、公路交通、轨道
交通、民航等领域, "大交通"产业布局已经形成,是国内唯一一家综合型交通运输信息化企业;
公司以大数据为驱动、移动互联网为载体,已实现公司定位从智能交通向"互联网+"大潮下的智慧
交通转变、公司角色从产品提供商向运营服务商的转变。公司兼具从软件定制、研发到硬件生产、
销售再到系统集成、整合的能力,形成覆盖从产品到服务再到解决方案的智能交通全产业链;不断
完善项目建设型和投资运营型业务布局,持续丰富 2G、2B、2C 产品线,积极打造"千方出行"品
牌,提升公司运营和服务能力。今后,公司将充分利用资本平台、技术和成果转化平台,在公交电
子站牌、智慧停车、汽车电子标识、全国客运联网售票服务平台、民航出行信息服务等领域积极实
现产品创新与突破。<br>
            <br>
      公司尤其注重高端人才的培养和引进,以及先进技术的集成和创新,积极推动校企合作,与多
所大学、学院签署协议或达成意向,在人才培养、项目合作、技术研发等方面展开合作,探讨人才
培养长效机制。</span></p>
```

```
        <p>        <span style="/* [disabled]font-size: 14px; */">传承中国钢研科
技集团有限公司 60 年的科研实力，公司建立了以"创新、创誉、创利"为目标的技术创新体系，拥
有一支以 7 名中国工程院院士、60 余位博士为核心的研发团队。公司共荣获国家发明奖、国家科技
进步奖及省部级以上奖励 82 项，全国科技大会奖 42 项，授权专利 220 项。公司企业技术中心是首
批国家认定企业技术中心，设有 4 个国家级，14 个省、市级工程技术研究中心/实验室和博士后科
研工作站，并与清华大学、浙江大学、中科院等高校、科研院所及海外知名企业建立了"先进材料
研究与开发战略合作"伙伴关系。公司承担并建设完成多项国家重点项目，取得了显著的社会和经
济效益。</span></p>
        <p><span style="/* [disabled]font-size: 14px; */"><br>
        </span></p>
        <p><strong><a name="wenhua"></a>二、企业文化</strong></p>
    <p>      安全：坚守安全基石，领导安全品质。</p>
    <p>      高效：全面精准效率，敏锐实时跟进。</p>
    <p>      专业：专注行业安全，专业铸造辉煌。</p>
    <p>      创新：感悟辉煌文化，再创科技新高。</p>
    <p>      愿景：行业的标杆，企业的楷模，人才的圣地。<br>
        <br>
    使命：为客户提供绿色、优质、高性价比的产品和服务，让人类享受更美好的生活。<br>
  <br>
    核心价值观：尊重、诚信、创新，成就客户、成就企业、成就员工。<br>
  <br>
    龟文化：不一定做 500 强，要做 500 年，基业长青，永续经营。<br>
  <br>
    狼精神：事无艰难，何需人杰；败则拼死相救，成则举杯相庆。 </p>
    <p><br>
    </p>
        <p><strong><a name="fazhan"></a>三、发展策略</strong></p>
    <p>      <span style="font-size: 16px">2015 年 获得信息技术服务运行维护标准
二级证书<br>
        <br>
        2014 年 北京国铁路阳技术有限公司成为公司全资子公司<br>
        <br>
        2013 年 公司有效专利突破 100 项<br>
        <br>
        2012 年 通过 ISO 20000 体系认证<br>
        <br>
        2011 年 通过职业健康安全管理体系认证、环境管理体系认证<br>
        <br>
        2010 年 "辉煌牌"获得河南省著名商标<br>
        <br>
        2010 年 获得铁路施工三级资质<br>
        <br>
        2010 年 获得计算机信息系统集成企业资质证书一级资质</span></p></td>
    </tr>
  </tbody>
</table>
```

```
<p> </p>
</body>
</html>
```

加粗部分的代码为设置锚点链接，在浏览器中预览，单击创建的锚点链接，如图 6-7 所示，可以链接到相应的位置，如图 6-8 所示。

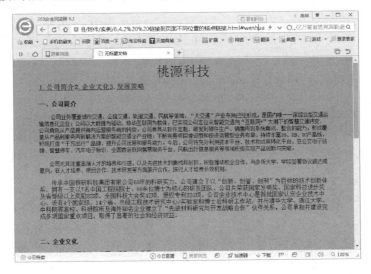

图 6-7　单击锚点链接

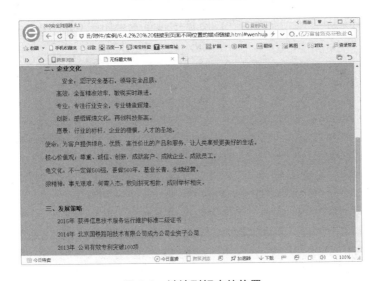

图 6-8　链接到相应的位置

6.5 外 部 链 接

网页中的链接可以分为文本超链接、电子邮件超链接、图像超链接、锚点超链接等。本节就来讲述如何使用各种超链接建立各个页面之间的关联。

6.5.1 链接到外部网站

HTML 使用超链接与网络上的另一个文档相连。几乎可以在所有的网页中找到链接。单击链接可以从一张页面跳转到另一张页面。

基本语法：

```
<a href="url">Link text</a>
```

语法说明：

开始标签和结束标签之间的文字被作为超链接来显示。

实例代码：

```
<!doctype html>
<html>
<head>
<meta charset="utf-8">
<title>无标题文档</title>
</head>
<body>
<a href="http://www.baidu.com/" target="_blank">搜索网站</a>
</body>
</html>
```

加粗部分的代码是链接到网站，在浏览器中预览效果如图 6-9 所示。

图 6-9　链接到网站

6.5.2 链接到 E-Mail

在网页上创建 E-Mail 链接，可以使浏览者能快速反馈自己的意见。当浏览者单击 E-Mail 链接时，可以立即打开浏览器默认的 E-Mail 处理程序，收件人的邮件地址由 E-Mail 超链接中指定的地址自动更新，无须浏览者输入。

基本语法：

```
<a href="mailto:邮件地址">…</a>
```

语法说明：

在该语法中的"mailto:"后面输入电子邮件的地址。

实例代码：

```
<!doctype html>
<html>
<head>
<meta charset="utf-8">
<title>设置电子邮件链接</title>
</head>
<body>
<p><strong>网站做得好不好因素很多，从网站速度、内容价值、广告价值等方面考量，
</strong></p>
<p>如果您对&quot;网站建设&quot;有意见或建议，<a href="mailto: sdssh@163.com">
请发到我们的邮箱</a></p>
</body>
</html>
```

加粗部分的代码是设置电子邮件链接，在浏览器中预览，单击设置的电子邮件链接，
效果如图 6-10 所示。

图 6-10　设置 E-mail 链接

6.5.3　链接到 FTP

FTP 是一种文件传输协议，它是计算机与计算机之间能够相互通信的语言，通过 FTP
可以获得 Internet 上丰富的资源。

FTP 路径用来链接 FTP 服务器中的文档，可以在浏览器中直接输入相应的 FTP 地址，

打开相应的目录或下载相关的内容，也可以使用相关的软件，打开 FTP 地址中相应的目录或者下载相关的内容。

基本语法：

```
<a href = "ftp://服务器 IP 地址或域名">链接的文字</a>
```

语法说明：

FTP 服务器链接和网页链接的区别在于所用协议不同。FTP 需要从服务器管理员处获得登录权限。不过部分 FTP 服务器可以匿名访问，从而能获得一些公开的文件。

实例代码：

```
<!doctype html>
<html>
<head>
<meta charset="utf-8">
<title>无标题文档</title>
</head>
<body>
<a href="ftp://192.168.25.11" title="读者你好，欢迎进入 FTP 服务器。">连接 FTP 服务器</a><br />
</body>
</html>
```

加粗部分的代码是 FTP 服务器链接，效果如图 6-11 所示。

图 6-11　FTP 服务器链接

6.5.4　链接到 Telnet

利用 Telnet 可以与服务器建立 HTTP 连接，获取网页，实现浏览器的功能。

当需要对 http header 进行观察和测试的时候，使用 Telnet 非常方便。因为浏览器看不到 http header。

基本语法：

```
<a href = "telnet://服务器 IP 地址或域名">链接的文字</a>
```

实例代码：

```
<!doctype html>
<html>
<head>
<meta charset="utf-8">
<title>无标题文档</title>
</head>
<body>
<a href="telnet://192.168.25.11" title="欢迎进入 Telnet 服务器。">连接 Telnet
服务器</a>
</body>
</html>
```

加粗部分的代码是 Telnet 服务器链接，效果如图 6-12 所示。

图 6-12　Telnet 服务器链接

6.5.5　下载文件

如果希望制作下载文件的链接，只需在链接地址处输入文件所在的位置即可。当用户单击链接后，浏览器会自动判断文件的类型，并做出针对不同情况的处理。

基本语法：

```
<a href="url">链接内容</a>
```

语法说明：

如果超链接指向的不是一个网页文件，而是其他文件，例如 zip、mp3、exe 等，单击链接的时候就会下载文件。

实例代码：

```
<!doctype html>
<html>
<head>
<meta charset="utf-8">
```

```
<title>文件下载</title>
<body>
<a href="06.zip">文件下载</a>
</body>
</html>
```

这里使用<a href="06.zip ">创建了一个下载文件的链接，在浏览器中浏览效果如图6-13所示，单击"文件下载"超链接，将弹出下载文件界面，如图6-14所示。

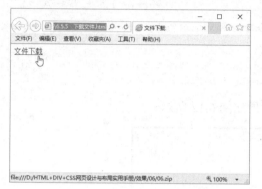

图 6-13　下载文件超链接

图 6-14　下载文件界面

6.6　综合实例——给网页添加链接

通过网页上的超链接可以在网上实现方便、快捷的访问，它是网页上不可缺少的重要元素，使用超链接可以将众多的网页链接在一起，形成一个有机整体。本章主要讲述了各种超链接的创建，下面就用所学的知识来给页面添加各种超链接。

(1)　使用 Dreamweaver CC 打开网页文档，如图 6-15 所示。

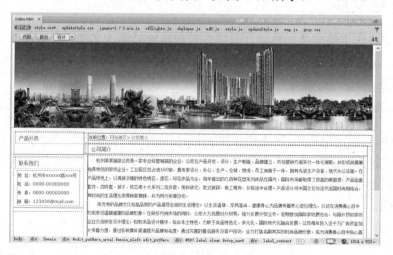

图 6-15　网页文档

(2)　打开代码视图，在<body>和</body>之间相应的位置输入如下代码，设置文字链接，如图 6-16 所示。

```
<li><a href="About-1.shtml">企业简介</a></li>
  <li><a href="About-2.shtml">销售网络</a></li>
  <li><a href="About-3.shtml">联系我们</a></li>
  <li><a href="About-4.shtml">成功案例</a></li>
  <li><a href="About-6.shtml">公司荣誉</a></li>
  <li><a href="About-6.shtml">组织机构</a></li>
```

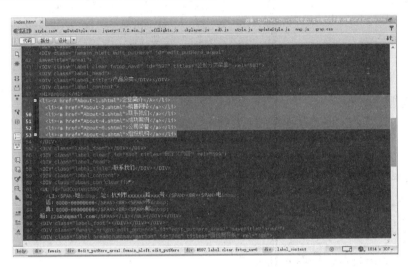

图 6-16　输入文字链接

(3)　保存网页，在浏览器中预览效果，如图 6-17 所示。

图 6-17　预览效果

本 章 小 结

超链接是网页的重要组成部分,通过网页所提供的链接功能,用户可以链接到网络上的其他网页。如果网页上没有超链接,就只能在浏览器地址栏中一遍遍地输入各网页的 URL 地址,这将是一件很麻烦的事。本章主要讲述了超链接的基本概念、创建基本超链接、创建图像超链接、创建锚点链接的知识。通过对本章的学习,读者应对网页中超链接有一个初步的认识。

练 习 题

1. 填空题

(1) 图像的链接和文字的链接方法是一样的,都是用<a>标签来完成,只要将<img>标签放在_____和_____之间就可以了。

(2) 建立了锚点以后,就可以创建到锚点的链接,需要用_____号以及锚点的名称作为_____属性值。

2. 操作题

给网页添加超链接,如图 6-18 所示。

图 6-18　给网页添加超链接

第 7 章 用 HTML 创建表格

【学习目标】

表格是网页制作中使用最多的工具之一，在制作网页时，使用表格可以更清晰地排列数据。但在实际制作过程中，表格更多地用在网页布局定位上。很多网页都是以表格布局的，这是因为表格在文本和图像的位置控制方面都有很强的功能。灵活、熟练地使用表格，在网页制作时会有如虎添翼的感觉。

本章主要内容包括：

(1) 创建并设置表格属签；

(2) 表格的结构标签；

(3) 使用表格排版网页。

7.1 创建并设置表格属性

表格由行、列和单元格三部分组成。使用表格可以排列页面中的文本、图像以及各种对象。行贯穿表格的左右，列则是上下贯穿，单元格是行和列交会的部分，它是输入信息的地方。

7.1.1 表格的基本标签：<table><tr><td>

表格一般通过表格标签<table>、行标签<tr>和单元格标签<td>来创建。表格的各种属性都要在表格的开始标签<table>和表格的结束标签</table>之间才有效。

基本语法：

```
<table>
<tr>
<td>单元格内的文字</td>
<td>单元格内的文字</td>
</tr>
<tr>
<td>单元格内的文字</td>
<td>单元格内的文字</td>
</tr>
</table>
```

语法说明：

<table>标签和</table>标签分别表示表格的开始和结束，而<tr>和</tr>则分别表示行的开始和结束，在表格中包含几组<tr>…</tr>就表示该表格为几行，<td>和</td>表示单元格

的起始和结束。

实例代码：

```
<!doctype html>
<html>
<head>
<meta charset="utf-8">
<title>表格的基本标签</title>
</head>
<body>
<table>
<tr>
<td>第 1 行第 1 列单元格</td><td>第 1 行第 2 列单元格</td>
</tr>
<tr>
<td>第 2 行第 1 列单元格</td><td>第 2 行第 2 列单元格</td>
</tr>
</table>
</body>
</html>
```

加粗部分的代码是表格的基本构成，在浏览器中预览可以看到在网页中添加了一个 2 行 2 列的表格，表格没有边框，如图 7-1 所示。

图 7-1　表格的基本构成效果

7.1.2　表格宽度和高度：width、height

width 属性用来设置表格的宽度，height 属性用来设置表格的高度，以像素或百分比为单位。

基本语法：

```
<table width="表格宽度" height="表格高度">
```

语法说明：

表格高度和表格宽度值可以是像素，也可以为百分比，如果设计者不指定，则默认宽度自适应。

实例代码：

```
<!doctype html>
<html>
<head>
<meta charset="utf-8">
<title>表格宽度和高度</title>
</head>
<body>
<table width="500" height="300">
<tr>
<td>第 1 行第 1 列单元格</td><td>第 1 行第 2 列单元格</td>
</tr>
<tr>
<td>第 2 行第 1 列单元格</td><td>第 2 行第 2 列单元格</td>
</tr>
</table>
</body>
</html>
```

加粗部分的代码是设置表格的宽度为 500px，高度设置为 300px，在浏览器中预览可以看到效果，如图 7-2 所示。

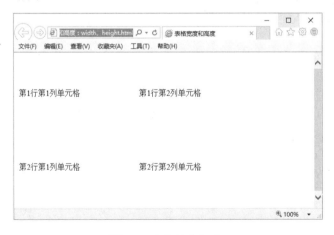

图 7-2　表格的宽和高

7.1.3　表格的标题：<caption>

<caption>标签可以为表格提供一个简短的说明，和图像的说明比较类似。默认情况下，大部分可视化浏览器显示表格标题在表格的上方中央。

基本语法：

```
<caption>表格的标题</caption>
```

实例代码：

```
<!doctype html>
<html>
<head>
<meta charset="utf-8">
<title>表格的标题</title>
</head>
<body>
<table width="700" height="150">
 <caption>
  小学一年级课程表
 </caption>
 <tr>
   <td width="98"> </td>
   <td width="97">星期一</td>
   <td width="105">星期二</td>
   <td width="95">星期三</td>
   <td width="101">星期四</td>
   <td width="77">星期五</td>
 </tr>
 <tr>
   <td>第 1 节</td>
   <td>语文</td>
   <td>语文</td>
   <td>英语</td>
   <td>数学</td>
   <td>语文</td>
 </tr>
 <tr>
   <td>第 2 节</td>
   <td>数学</td>
   <td>数学</td>
   <td>语文</td>
   <td>语文</td>
   <td>数学</td>
 </tr>
</table>
</body>
</html>
```

　　加粗部分的代码表示设置表格的标题为"小学一年级课程表"，在浏览器中预览，可以看到表格的标题，如图 7-3 所示。

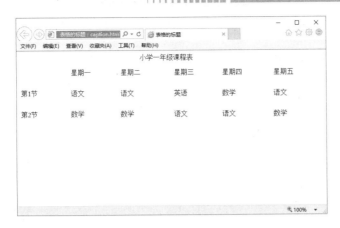

图 7-3　表格的标题

提示：　使用<caption>标签创建表格标题的好处是标题定义包含在表格内。如果表格移动或在 HTML 文件中重定位，标题会随着表格相应地移动配置，这是某种类型设备应具备的特性。

7.1.4　表格的表头：<th>

表头是指表格的第一行或第一列等对表格内容的说明，文字样式居中、加粗显示，通过<th>标签实现。

基本语法：

```
<table >
<tr>
<th>...</th>
...
</tr>
</table>
```

语法说明：

(1)　<th>：表头标签，包含在<tr>标签中。

(2)　在表格中，只要把标签<td>改为<th>就可以实现表格的表头。

实例代码：

```
<!doctype html>
<html>
<head>
<meta charset="utf-8">
<title>表格的表头</title>
</head>
<body>
<table width="700" height="150">
  <caption>
```

```
    小学三年级课程表
</caption>
<tr>
  <td width="98"> </td>
  <th>星期一</th>
  <th>星期二</th>
  <th>星期三</th>
  <th>星期四</th>
  <th>星期五</th>
</tr>
<tr>
  <td>第 1 节</td>
  <td>语文</td>
  <td>语文</td>
  <td>英语</td>
  <td>数学</td>
  <td>语文</td>
</tr>
<tr>
  <td>第 2 节</td>
  <td>数学</td>
  <td>数学</td>
  <td>语文</td>
  <td>语文</td>
  <td>数学</td>
</tr>
</table>
</body>
</html>
```

加粗部分的代码为设置表格的表头，在浏览器中预览可以看到表格的表头效果，如图 7-4 所示。

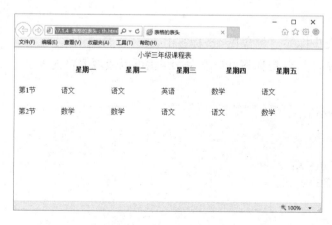

图 7-4　表格的表头效果

7.1.5 表格对齐方式：align

可以使用表格的 align 属性来设置表格的对齐方式。

基本语法：

```
<table align="对齐方式" >
```

语法说明：

align 属性参数值见表 7-1。

表 7-1 align 参数取值

属 性 值	说 明
left	整个表格在浏览器页面中左对齐
center	整个表格在浏览器页面中居中对齐
right	整个表格在浏览器页面中右对齐

实例代码：

```
<!doctype html>
<html>
<head>
<meta charset="utf-8">
<title>表格对齐方式</title>
</head>
<body>
<table width="700" height="150" align="center">
  <caption>
    小学一年级课程表
  </caption>
  <tr>
   <td width="98"> </td>
   <th width="87"> 星期一</th>
   <th width="137"> 星期二</th>
   <th width="88"> 星期三</th>
   <th width="80"> 星期四</th>
   <th width="84"> 星期五</th>
  </tr>
  <tr>
   <td>第 1 节</td>
   <td> 语文</td>
   <td> 语文</td>
   <td> 英语</td>
   <td> 数学</td>
   <td> 语文</td>
  </tr>
```

```
  <tr>
    <td>第 2 节</td>
    <td> 数学</td>
    <td> 数学</td>
    <td> 语文</td>
    <td> 语文</td>
    <td> 数学</td>
  </tr>
</table>
</body>
</html>
```

加粗部分的代码为设置表格的对齐方式，在浏览器中预览可以看到表格为居中对齐，如图 7-5 所示。

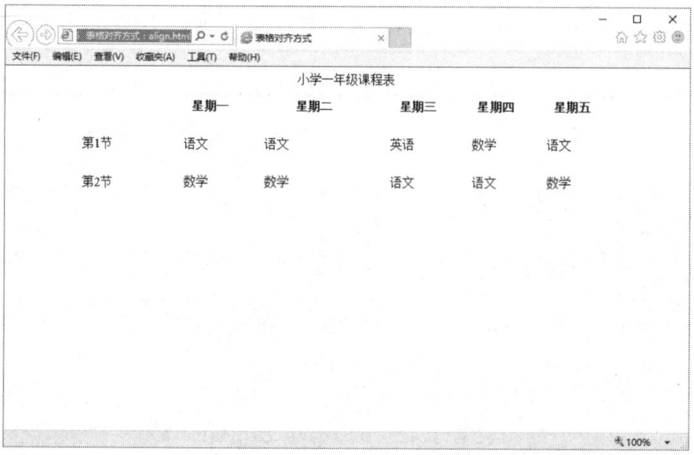

图 7-5　表格的居中对齐效果

提示： 虽然整个表格在浏览器页面范围内居中对齐，但是表格里单元格的对齐方式并不会因此而改变。如果要改变单元格的对齐方式，就需要在行、列或单元格内另外定义。

7.1.6　表格的边框宽度：border

可以通过对表格添加 border 属性，来实现为表格设置边框线以及美化表格的目的。默认情况下如果不指定 border 属性，表格的边框为 0，则浏览器将不显示表格边框。

基本语法：

```
<table border="边框宽度">
```

语法说明：

通过 border 属性定义边框线的宽度，单位为像素。

实例代码：

```
<!doctype html>
<html>
<head>
<meta charset="utf-8">
<title>表格的边框宽度</title>
</head>
<body>
<table width="400" border="5">
<tr>
<td>单元格 1</td>
<td>单元格 2</td>
</tr>
<tr>
<td>单元格 3</td>
<td>单元格 4</td>
</tr>
</table>
</body>
</html>
```

加粗部分的代码为设置表格的边框宽度，在浏览器中预览，可以看到将表格边框宽度设置为 5px 的效果，如图 7-6 所示。

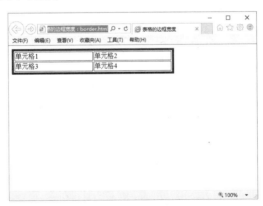

图 7-6　表格的边框宽度效果

📋 **提示：** border 属性设置的表格边框只能影响表格四周的边框宽度，而并不能影响单元格之间边框尺寸。虽然设置边框宽度没有限制，但是一般边框设置不应超过 5px，过于宽大的边框会影响表格的整体美观。

7.1.7　表格边框颜色：bordercolor

默认情况下边框的颜色是灰色的，可以使用 bordercolor 设置边框颜色。但是设置边框颜色的前提是边框的宽度不能为 0，否则无法显示出边框的颜色。

基本语法：

```
<table border="边框宽度" bordercolor="边框颜色">
```

语法说明：

定义颜色的时候，可以使用英文颜色名称或十六进制颜色值。

实例代码：

```
<!doctype html>
<html>
<head>
<meta charset="utf-8">
<title>表格边框颜色</title>
</head>
<body>
<table width="400" border="4" bordercolor="#E90003">
<tr>
<td>单元格 1</td>
<td>单元格 2</td>
</tr>
<tr>
<td>单元格 3</td>
<td>单元格 4</td>
</tr>
</table>
</body>
</html>
```

加粗部分的代码是设置表格边框的颜色，在浏览器中预览可以看到边框颜色的效果，如图 7-7 所示。

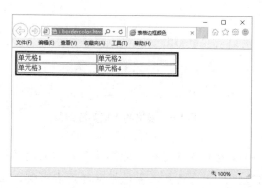

图 7-7　表格边框颜色效果

7.1.8　单元格间距：cellspacing

表格的单元格和单元格之间，可以设置一定的距离，这样可以使表格显得不会过于紧凑。

基本语法：

```
<table cellspacing="间距值">
```

语法说明：

单元格的间距以像素为单位，默认值是 2。

实例代码：

```
<!doctype html>
<html>
<head>
<meta charset="utf-8">
<title>单元格间距</title>
</head>
<body>
<table width="400" border="3" cellspacing="5" bordercolor="#618A04">
<tr>
<td>单元格 1</td>
<td>单元格 2</td>
</tr>
<tr>
<td>单元格 3</td>
<td>单元格 4</td>
</tr>
</table>
</body>
</html>
```

加粗的代码部分的代码为设置单元格的间距，在浏览器中预览，可以看到单元格的间距为 5px 的效果，如图 7-8 所示。

图 7-8　单元格间距效果

7.1.9　单元格边距：cellpadding

默认情况下，单元格里的内容会紧贴着表格的边框，这样看上去非常拥挤。可以使用

cellpadding 来设置单元格边框与单元格里的内容之间的距离。

基本语法：

```
<table cellpadding="文字与边框距离值">
```

语法说明：

单元格里的内容与边框的距离以像素为单位，一般可以根据需要设置，但是不能过大。

实例代码：

```
<!doctype html>
<html>
<head>
<meta charset="utf-8">
<title>表格内文字与边框距离</title>
</head>
<body>
<table width="400"border="1"cellspacing="5"cellpadding="8"
bordercolor="#CC00FF">
  <tr>
    <td>单元格 1</td><td>单元格 2</td>
  </tr>
  <tr>
    <td>单元格 3</td><td>单元格 4</td>
  </tr>
</table>
</body>
</html>
```

加粗部分的代码为设置单元格边距，在浏览器中预览可以看到文字与边框的距离效果，如图 7-9 所示。

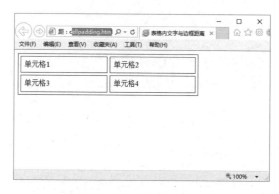

图 7-9　单元格边距效果

7.1.10　表格的背景色：bgcolor

表格的背景颜色属性 bgcolor 是针对整个表格的，bgcolor 定义的颜色可以被行、列或单元格定义的背景颜色所覆盖。

基本语法：

```
<table bgcolor="背景颜色">
```

语法说明：

定义颜色的时候，可以使用英文颜色名称或十六进制颜色值。

实例代码：

```
<!doctype html>
<html>
<head>
<meta charset="utf-8">
<title>表格的背景色</title>
</head>
<body>
<table width="400"border="1"cellspacing="8"cellpadding="10"
bordercolor="#CC00FF"bgcolor="#FFFF00">
  <tr>
    <td>单元格 1</td><td>单元格 2</td>
  </tr>
  <tr>
    <td>单元格 3</td><td>单元格 4</td>
  </tr>
</table>
</body>
</html>
```

加粗部分的代码为设置表格的背景颜色，在浏览器中预览可以看到表格设置了黄色的背景，如图 7-10 所示。

图 7-10　设置表格背景颜色效果

7.1.11　表格的背景图像：background

除了可以为表格设置背景颜色之外，还可以为表格设置更加美观的背景图像。

基本语法：

```
<table background="背景图像地址" >
```

语法说明：

背景图像的地址可以为相对地址，也可以为绝对地址。

实例代码：

```
<!doctype html>
<html>
<head>
<meta charset="utf-8">
<title>表格的背景图像</title>
</head>
<body>
<table width="500"border="1" cellspacing="10" cellpadding="10"
background="bg.jpg">
  <tr>
    <td>单元格 1</td><td>单元格 2</td>
  </tr>
  <tr>
    <td>单元格 3</td><td>单元格 4</td>
  </tr>
</table>
</body>
</html>
```

加粗部分的代码为设置表格的背景图像，在浏览器中预览可以看到表格设置了背景图像的效果，如图 7-11 所示。

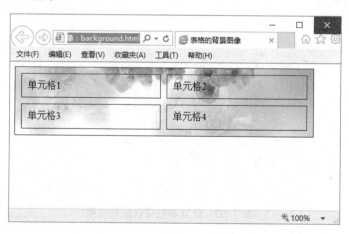

图 7-11　设置表格的背景图像效果

7.2　表格的结构标签

为了在源代码中清楚地区分表格结构，HTML 语言中规定了<thead>、<tdoby>和<tfoot> 3 个标签。分别对应于表格的表头、表主体和表尾。

7.2.1　设计表头样式：<thead>

表头样式的开始标签是<thead>，结束标签是</thead>。它们用于定义表格最上端表头的样式，可以设置背景颜色、文字水平对齐方式、文字的垂直对齐方式等。

基本语法：

```
<thead>
...
</thead>
```

语法说明：

在该语法中，bgcolor、align、valign 的取值范围与单元格中的设置方法相同。在<thead>标签内还可以包含<td>、<th>和<tr>标签，而一个表元素中只能有一个<thead>标签。

实例代码：

```
<!doctype html>
<html>
<head>
<meta charset="utf-8">
<title>设计表头样式</title>
</head>
<body>
<table width="700" height="150" border="1">
  <caption>
  宝宝购物清单
  </caption>
<thead bgcolor="#4BA305"align="center">
<tr>
    <td width="98">名称</td>
    <td width="87">数量<br></td>
    <td width="137">单价</td>
    <td width="80">总价</td>
  </tr>
</thead>
  <tr>
    <td>包巾</td> <td>2</td>
    <td>20 元</td>
    <td>40 元</td>
  </tr>
```

```
  <tr>
    <td>婴儿车</td>
    <td>1</td>
    <td>199 元</td>
    <td>199 元</td>
  </tr>
</table>
</body>
</html>
```

加粗部分的代码为设置表格的表头，在浏览器中预览效果，如图 7-12 所示。

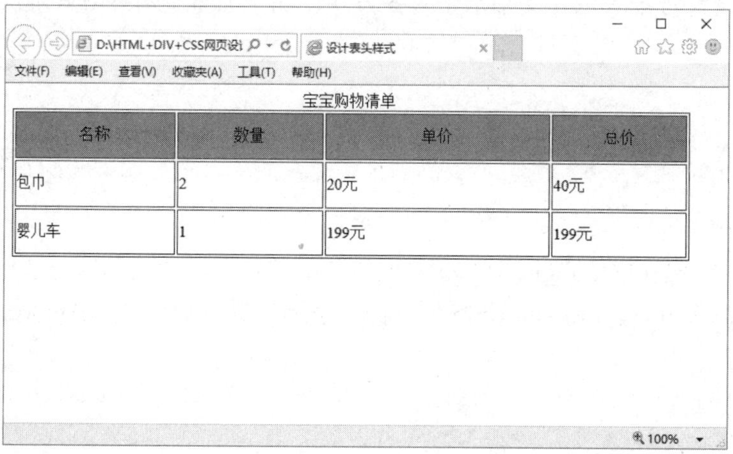

图 7-12　设置表格的表头效果

7.2.2　设计表主体样式：<tbody>

与表头样式的标签功能类似，表主体标签用于统一设计表主体部分的样式，标签为 <tbody>。

基本语法：

```
<tbody bgcolor="背景颜色" align="对齐方式">
...
</tbody>
```

语法说明：

在该语法中，bgcolor、align、valign 的取值范围与<thead>标签中的相同。一个表元素中只能有一个<tbody>标签。

实例代码：

```
<!doctype html>
<html>
<head>
<meta charset="utf-8">
```

```
<title>设计表主体样式</title>
</head>
<body>
<table width="700" height="150" border="1">
  <caption>
  宝宝购物清单
  </caption>
  <thead bgcolor="#448C03"align="center">
    <tr>
      <td width="98">名称</td>
      <td width="87">  数量<br></td>
      <td width="137">单价</td>
      <td width="80">总价</td>
    </tr>
  </thead>
  <tbody bgcolor="#8FEF2D" align="left">
  <tr>
    <td>包巾</td><td>2</td>
    <td>20 元</td><td>40 元</td>
  </tr>
  <tr>
    <td>婴儿车</td><td>1</td>
    <td>199 元</td><td>199 元</td>
  </tr>
</tbody>
</table>
</body>
</html>
```

加粗部分的代码为设置表格的表主体，在浏览器中预览效果，如图 7-13 所示。

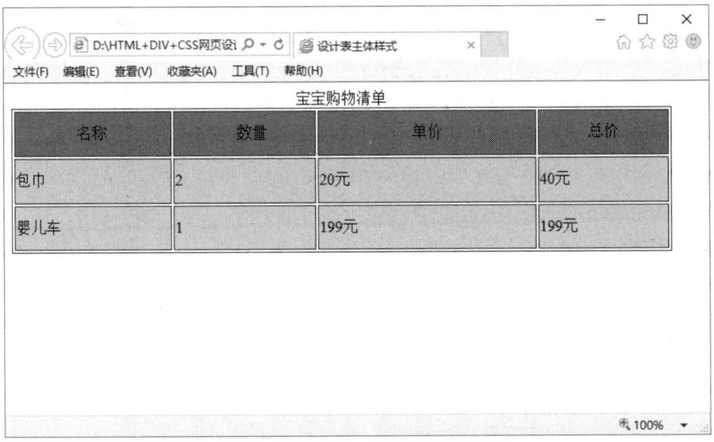

图 7-13　设置表格的表主体的效果

7.2.3 设计表尾样式: <tfoot>

<tfoot>标签用于定义表尾样式。

基本语法:

```
< tfoot bgcolor="背景颜色"align="对齐方式"valign="垂直对齐方式">
...
</tfoot>
```

语法说明:

在该语法中, bgcolor、align、valign 的取值范围与<thead>标签中的相同。一个表元素
中只能有一个<tfoot>标签。

实例代码:

```
<!doctype html>
<html>
<head>
<meta charset="utf-8">
<title>无标题文档</title>
</head>
<body>
<table width="700" height="150" border="1">
  <caption>化工报价网</caption>
  <thead bgcolor="#056F0D"align="center">
    <tr>
      <td width="98">品名</td>
      <td width="87">  型号<br /></td>
      <td width="137">规格</td>
      <td width="80"> 价格</td>
    </tr>
  </thead>
  <tbody bgcolor="#14E32B" align="left">
    <tr>
      <td>甲醇</td>
      <td>99.8%</td>
      <td>170kg/桶</td>
      <td>  2200 元/吨 </td>
    </tr>
    <tr>
      <td>二氯甲烷</td>
      <td> 优级</td>
      <td>医药级</td>
      <td>  7900 元/吨</td>
    </tr>
  </tbody>
<tfoot align="right" bgcolor="#97EEF9">
```

```
<tr><td colspan="4" style="text-align: left">特别提示：本信息由相关企业自行提
供，真实性未证实，
仅供参考。</td></tr>
</tfoot>
</table>
</body>
</html>
```

加粗部分的代码为设置表尾样式，在浏览器中预览效果，如图 7-14 所示。

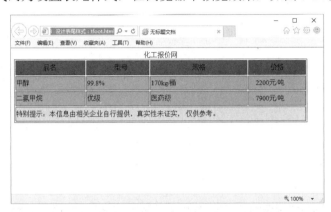

图 7-14 设置表尾样式效果

7.3 综合实例——使用表格排版网页

表格在网页版面布局中发挥着非常重要的作用，网页中的所有元素都需要表格来定位。本章主要讲述了表格的常用标签，下面就通过实例讲述表格在整个网页排版布局方面的综合运用。

(1) 打开 Dreamweaver CC，新建一空白文档，如图 7-15 所示。

图 7-15 新建文档

(2) 打开"代码"视图，将光标置于相应的位置，输入如下代码，插入 2 行 1 列的表格。此表格记为表格 1，如图 7-16 所示。

```html
<table width="1002" border="0" cellpadding="0" cellspacing="0">
  <tr>
    <td> </td>
  </tr>
  <tr>
    <td> </td>
  </tr>
</table>
```

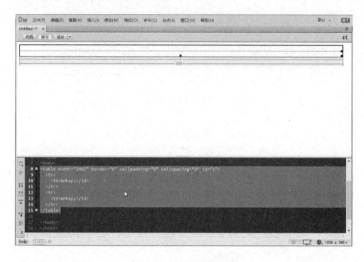

图 7-16　插入表格 1

(3) 在表格 1 的第 1 行第 1 个单元格位置输入以下代码，插入图像文件，如图 7-17 所示。

```html
<img src="images/2.jpg" width="1003" height="245" alt=""/>
```

图 7-17　插入图像

(4) 将光标置于表格 1 的第 2 行单元格位置，输入以下代码，设置单元格高度和背景颜色，如图 7-18 所示。

```
<td height="50" bgcolor="#018F60"></td>
```

图 7-18 设置图像高度和背景

(5) 将光标置于表格 1 的第 1 行单元格位置，输入以下代码，插入 1 行 6 列的表格，并在表格中输入导航文本，如图 7-19 所示。

```
<table width="95%" border="0" align="center">
    <tbody>
     <tr>
      <td style="font-size: 16px; color: #FFFFFF;">首页</td>
      <td style="font-size: 16px; color: #FFFFFF;">公司简介</td>
      <td style="font-size: 16px; color: #FFFFFF;">主营产品</td>
      <td style="font-size: 16px; color: #FFFFFF;">新闻中心</td>
      <td style="font-size: 16px; color: #FFFFFF;">人力资源</td>
      <td style="font-size: 16px; color: #FFFFFF;">在线加盟</td>
     </tr>
    </tbody>
</table>
```

图 7-19 插入表格输入导航文本

(6) 将光标置于表格 1 的右边，输入代码，插入 1 行 2 列的表格，此表格记为表格 2，如图 7-20 所示。

```html
<table width="1002" border="0" id="2">
  <tbody>
    <tr>
      <td> </td>
      <td> </td>
    </tr>
  </tbody>
</table>
```

图 7-20　插入表格 2

(7) 将光标置于表格 2 的第 1 行单元格中，输入代码，插入 2 行 1 列的表格，此表格记为表格 3，在第 1 行单元格中插入图像，在第 2 行单元格中输入导航文本，如图 7-21 所示。

```html
<table width="98%" border="0" cellpadding="5" cellspacing="5" id="3">
    <tbody>
      <tr>
        <td bgcolor="#C0FFE8"><img src="images/pic_list.jpg" width="229"
height="41" alt=""/></td>
      </tr>
      <tr>
        <td bgcolor="#C0FFE8"><dl>
        <dt> <strong>酒店布草</strong></dt>
        <dd>客房布草</dd>
        <dd>高档台布</dd>
        <dd>客房布草</dd>
        <dd>酒店浴袍</dd>
        <dd>开苑经典1.5床酒店布草 床品</dd>
        <dt><strong>酒店床上用品</strong></dt>
```

```
        <dd>宾馆床品床尾巾</dd>
        <dd>宾馆被罩</dd>
        <dd>高档床上用品</dd>
        <dd>床上用品</dd>
        <dd>酒店布草</dd>
        <dt><strong>桌布椅套</strong></dt>
        <dd>台布口布</dd>
        <dd>餐厅椅套</dd>
        <dd>圆酒店台布</dd>
        <dd>高档椅套</dd>
        <dd>餐厅椅套</dd>
        <dt><strong>品牌家纺</strong></dt>
        <dd>品牌家纺</dd>
        <dt><strong>床单被罩</strong></dt>
        <dd>床单、被罩</dd>
        <dd>床单 被罩</dd>
        <dd>供应床单被罩</dd>
        <dt><strong>客房用品</strong></dt>
        <dd>客房用品电水壶</dd>
        <dt><strong>宾馆被子</strong></dt>
        <dd>酒店床上用品【酒店被子】</dd>
        <dd>宾馆床上用品</dd>
        <dd>宾馆被子</dd>
      </dl></td>
    </tr>
  </tbody>
</table>
```

图 7-21　插入表格 2

(8) 保存文档，按 F12 键在浏览器中预览，效果如图 7-22 所示。

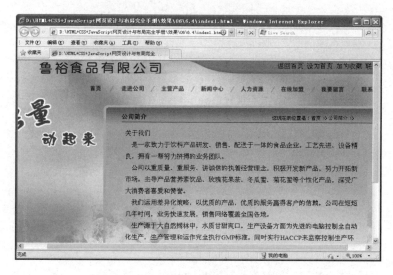

图 7-22　利用表格排版网页效果

本 章 小 结

　　表格是用于排列内容的最佳方式。绝大多数网页的页面都是使用表格进行排版的。本章主要讲述了表格的创建、表格的属性、行属性、单元格属性和表格的结构标签等内容。通过对本章的学习，要学会合理利用表格来排列数据，有助于协调页面结构的均衡，使得页面在形式上既丰富多彩又有条理、组织井然有序而不显得单调，从而设计出版式漂亮的网页。

练 习 题

1. 填空题

　　(1)　表格由行、列和单元格 3 部分组成，一般通过 3 个标签来创建，分别是表格标签_____、行标签_____和单元格标签_____。表格的各种属性都要在表格的开始标签_____和结束标签_____之间才有效。

　　(2)　_____标签用来设置表格的宽度，_____标签用来设置表格的高度，以像素或百分比为单位。

　　(3)　为了在源代码中清楚地区分表格结构，HTML 语言中规定了_____、_____和_____三个标签，分别对应于表格的表头、表主体和表尾。

　　(4)　表头样式的开始标签是_____，结束标签是_____。它们用于定义表格最上端表头的样式，可以设置_____、_____、_____等。

2. 操作题

利用表格排版网页的效果如图 7-23 所示。

图 7-23　网页效果图

第8章 用表单创建交互式网页

【学习目标】

在制作网页特别是动态网页时常常会用到表单，表单主要用来收集客户端提供的相关信息，使网页具有交互功能。

本章主要内容包括：

(1) 表单元素 form；

(2) 表单控件<input>；

(3) 选择列表条目元素<option>；

(4) 选择列表元素<select>；

(5) 文本区域元素<textarea>。

8.1 插入表单：<form>

在网页中<form></form>标签对用来创建一个表单，即定义表单的开始和结束位置，在标签对之间的一切都属于表单的内容。在<form>标签中，可以设置表单的基本属性，包括表单的名称、处理程序和传送方法等。一般情况下，表单的处理程序 action 和传送方法 method 是必不可少的参数。

8.1.1 处理动作：action

action 用于指定表单数据提交到哪个地址进行处理。

基本语法：

```
<form action="表单的处理程序">
...
</form>
```

语法说明：

表单的处理程序是表单要提交的地址，也就是表单中收集到的资料将要传递的程序地址。这一地址可以是绝对地址，也可以是相对地址，还可以是一些其他形式的地址。

实例代码：

```
<!doctype html>
<html>
<head>
<meta charset="utf-8">
```

```
<title>程序提交</title>
</head>
<body>
欢迎您预订本店的房间，您填写的预订表将被发送到酒店客房预订处，我们会在最短的时间内给您
回复。
<form action="mailto:jiudian@.com">
</form>
</body>
</html>
```

加粗部分的代码是程序提交到的地址，这里将表单提交到电子邮件。

8.1.2　表单名称：name

name 用于给表单命名，这一属性不是表单的必要属性，但是为了防止表单提交到后台
处理程序时出现混乱，一般需要给表单命名。

基本语法：

```
<form name="表单名称">
...
</form>
```

语法说明：
表单名称中不能包含特殊字符和空格。

实例代码：

```
<!doctype html>
<html>
<head>
<meta charset="utf-8">
<title>表单名称</title>
</head>
<body>
欢迎您预订本店的房间，您填写的预订表将被发送到酒店客房预订处，我们会在最短的时间内给您
回复。
<form action="mailto:jiudian@.com" name="form1">
</form>
</body>
</html>
```

加粗部分的代码是表单名称。

8.1.3　传送方法：method

表单的 method 属性用于指定在数据提交到服务器的时候使用哪种 HTTP 提交方法，可
取值为 get 或 post。

基本语法：

```
<form method="传送方法">
...
</form>
```

语法说明：

传送方法的值只有两种，即 get 和 post。

get：表单数据被传送到 action 属性指定的 URL，然后这个新 URL 被送到处理程序上。

post：表单数据被包含在表单主体中，然后被送到处理程序上。

实例代码：

```
<!doctype html>
<html>
<head>
<meta charset="utf-8">
<title>传送方法</title>
</head>
<body>
欢迎您预订本店的房间，您填写的预订表将被发送到酒店客房预订处，我们会在最短的时间内给您
回复。
<form action="mailto:jiudian@.com" method="post" name="form1">
</form>
</body>
</html>
```

加粗部分的代码是传送方法。

8.1.4　编码方式：enctype

表单中的 enctype 属性用于设置表单信息提交的编码方式。

基本语法：

```
<form enctype="编码方式">
...
</form>
```

语法说明：

enctype 属性为表单定义了 MIME 编码方式，编码方式的取值见表 8-1。

表 8-1　enctype 属性

enctype 的取值	取值的含义
application/x-www-form-urlencoded	默认的编码形式
multipart/form-data	MIME 编码，上传文件的表单必须选择该项

实例代码：

```
<!doctype html>
<html>
<head>
<meta charset="utf-8">
<title>编码方式</title>
</head>
<body>
欢迎您预订本店的房间，您填写的预订表将被发送到酒店客房预订处，我们会在最短的时间内给您
回复。
<form action="mailto:jiudian@.com" method="post"
enctype="application/x-www-form-urlencoded" name="form1">
</form>
</body>
</html>
```

加粗的代码是编码方式。

提示： enctype 属性默认的取值是 application/x-www-form-urlencoded，这是所有网页
的表单所使用的可接受的类型。

8.1.5 目标显示方式：target

target 用来指定目标窗口的打开方式，表单的目标窗口往往用来显示表单的返回信息。

基本语法：

```
<form target="目标窗口的打开方式">
......
</form>
```

语法说明：

目标窗口的打开方式有 4 个选项：_blank、_parent、_self 和_top。其中_blank 为将链
接的文件载入一个未命名的新窗口中；_parent 为将链接的文件载入含有该链接框架的父框
架集或父窗口中；_self 为将链接的文件载入该链接所在的同一框架或窗口中；_top 为在整
个浏览器窗口中载入所链接的文件，因而会删除所有框架。

实例代码：

```
<!doctype html>
<html>
<head>
<meta charset="utf-8">
<title>目标显示方式</title>
</head>
<body>
```

欢迎您预订本店的房间，您填写的预订表将被发送到酒店客房预订处，我们会在最短的时间内给您回复。

```
<form action="mailto:jiudian@.com" method="post"
enctype="application/x-www-form-urlencoded" name="form1" target="_blank">
</form>
</body>
</html>
```

加粗部分的代码是目标显示方式。

8.2   表单控件：<input>

在网页中可以插入的表单对象包括文本字段、复选框、单选按钮、提交按钮、重置按钮和图像域等。在 HTML 表单中，input 标签是最常用的表单标签，常见的文本字段和按钮都采用这个标签。

基本语法：

```
<form>
<input type="表单对象" name="表单对象的名称">
</form>
```

在该语法中，name 属性是为了便于程序对不同表单对象进行区分，type 属性则是确定了这一个表单对象的类型。type 所包含的属性值见表 8-2。

表 8-2   type 所包含的属性值

属　　性	描　　述
text	文本字段
password	密码域
radio	单选按钮
checkbox	复选框
button	普通按钮
submit	提交按钮
reset	重置按钮
image	图像域
hidden	隐藏域
file	文件域

8.2.1   文本字段：text

当 type 设置为 text 时，表示单行文本框，在其中可输入任何类型的文本、数字或字母，输入的内容以单行显示。

基本语法：

```
<input name="文本字段的名称" type="text" value="文字字段的默认取值" size="文本
字段的长度" maxlength="最多字符数"/>
```

语法说明：

在该语法中包含了很多参数，它们的含义和取值方法见表 8-3。

表 8-3　文本字段 text 的参数值

属　　性	描　　述
name	文本字段的名称，用于和页面中其他控件加以区别。名称由字母、数字以及下划线组成，区分大小写
type	指定插入哪种表单对象，如 type＝"text"，即插入文本字段
value	设置文本框的默认值
size	确定文本字段在页面中显示的长度，以字符为单位
maxlength	设置文本字段中最多可以输入的字符数

实例代码：

```
<!doctype html>
<html>
<head>
<meta charset="utf-8">
<title>文本字段</title>
</head>
<body>
<table width="100%" cellspacing="0" cellpadding="0">
  <tr>
  <td>
<form action="mailto:weixiao@foxw.com" name="form1" method="post"
enctype="application/x-www-form-urlencoded"target="_blank" >
    用户名：<input name="textfield" type="text" size="20" maxlength="15" />
</form>
</td>
  </tr>
</table>
</body>
</html>
```

加粗的代码<input name="textfield" type="text" size="20" maxlength="15">表示将文本框的名称设置为 textfield，长度设置为 20，最多字符数设置为 15，在浏览器中浏览效果如图 8-1 所示。

图 8-1　设置文字字段

8.2.2　密码域：password

在表单中还有一种文本字段的形式——密码域，输入到其中的文字均以星号"*"或圆点"·"显示。

基本语法：

```
<input name="密码域的名称" type="password" value="密码域的默认取值" size="密码域的长度" maxlength="最多字符数"/>
```

语法说明：

在该语法中包含了很多参数，它们的含义和取值方法不同，见表 8-4。

表 8-4　密码域的参数值

属　　性	描　　述
name	密码域的名称，用于和页面中其他控件加以区别。名称由字母、数字以及下划线组成，区分大小写
type	指定插入哪种表单对象
value	用来定义密码域的默认值，以"*"或"·"显示
size	确定密码域在页面中显示的长度，以字符为单位
maxlength	设置密码域中最多可以输入的字符数

实例代码：

```
<!doctype html>
<html>
<head>
<meta charset="utf-8">
```

```
<title>密码域</title>
</head>
<body>
<table width="100%" cellspacing="0" cellpadding="0">
  <tr>
    <td>
<form action="mailto:weixiao@foxw.com" name="form1" method="post"
enctype="application/x-www-form-urlencoded"target="_blank" >
    <p>用户名：<input name="textfield" type="text" size="25" maxlength="20" />
</p>
    <p>密码：
<input name="textfield2" type="password" value="abcdef"  size="25"
maxlength="8" />
      </p>
    </form>
</td>
  </tr>
</table>
</body>
</html>
```

加粗的代码<input name="password" type="password" size="25" maxlength="6">表示将密码域的名称设置为 textfield2，长度设置为 25，最多字符数设置为 8，在浏览器中浏览效果如图 8-2 所示。当在密码域中输入内容时将以"•"显示。

图 8-2　设置密码域

8.2.3　单选按钮：radio

单选按钮用来让浏览者进行单一选择，在页面中以圆框显示。这在你的应用程序中用于要从几个选项中选一个的地方。

基本语法：

```
<input name="单选按钮的名称" type="radio" value="单选按钮的取值" checked/>
```

语法说明：

在该语法中，value 用于设置用户选中单选按钮后，传送到处理程序中的值。checked 表示这一单选按钮被选中，而在一个单选按钮组中只有一个单选按钮可以设置为 checked。

实例代码：

```
<!doctype html>
<html>
<head>
<meta charset="utf-8">
<title>单选按钮</title>
</head>
<body>
<table width="100%" cellspacing="0" cellpadding="0">
  <tr>
    <td><form action="mailto:weixiao@foxw.com" name="form1" method="post"
enctype="application/x-www-form-urlencoded"target="_blank" >
    性别：
<input name="radiobutton" type="radio" value="radiobutton" checked />男
<input type="radio" name="radiobutton" value="radiobutton" />女
</form></td>
  </tr>
</table>
</body>
</html>
```

加粗的代码<input name="radio" type="radio" value="radiobutton" checked>表示将单选按钮的名称设置为 radiobutton，取值设置为"男"并设置为已勾选。<input type="radio" name="radiobutton" value="radiobutton" >表示将单选按钮的名称设置为 radiobutton，取值设置为"女"，在浏览器中浏览效果如图 8-3 所示。

图 8-3　设置单选按钮

8.2.4　复选框：checkbox

浏览者在填写表单时，有一些内容可以通过做出选择的形式来实现。例如常见的网上调查，首先提出调查的问题，然后让浏览者在若干个选项中做出选择。与单选按钮不同的是，复选框能够实现项目的多项选择，以一个方框表示。

基本语法：

```
<input name="复选框的名称" type="checkbox" value="复选框的取值" checked/>
```

语法说明：

在该语法中，checked 表示复选框在默认情况下已经被选中，一组选项中可以同时有多个复选框被选中。

实例代码：

```
<!doctype html>
<html>
<head>
<meta charset="utf-8">
<title>复选框</title>
</head>
<body>
<table width="100%" cellspacing="0" cellpadding="0">
  <tr>
    <td>
<form action="mailto:weixiao@foxw.com" name="form1" method="post"
enctype="application/x-www-form-urlencoded"target="_blank" >
    爱好：
    <input type="checkbox" name="checkbox" />唱歌
    <input type="checkbox" name="checkbox2" />跳舞
    <input name="checkbox3" type="checkbox" checked />音乐
    <input type="checkbox" name="checkbox4" />绘画
    </form>
</td>
  </tr>
</table>
</body>
</html>
```

加粗的代码表示复选框，其中音乐为默认的勾选项，在浏览器中浏览效果如图 8-4 所示。

图 8-4　设置复选框

8.2.5 普通按钮：button

表单中的按钮起着至关重要的作用，它可以激发提交表单的动作；也可以在用户需要修改表单的时候，将表单恢复到初始的状态；还可以依照程序的需要，发挥其他的作用。普通按钮主要是配合 JavaScript 脚本来进行表单处理的。

基本语法：

```
<input type="submit" name="按钮的名称" value="按钮的取值" onclick="处理程序"/>
```

语法说明：

在该语法中，value 的取值就是显示在按钮上的文字，可以添加 onclick 等事件来实现一些特殊的功能。onclick 事件是设置当鼠标按下按钮时所进行的处理。

实例代码：

```
<!doctype html>
<html>
<head>
<meta charset="utf-8">
<title>普通按钮</title>
</head>
<body>
<table width="100%" cellspacing="0" cellpadding="0">
  <tr>
  <td>
<form action="mailto:weixiao@foxw.com" name="form1" method="post"
enctype="application/x-www-form-urlencoded"target="_blank" >
  单击按钮关闭窗口。
<br />
<input type="submit" name="submit" value="关闭窗口" onclick="window.close()"
/>
</form>
</td>
</tr>
</table>
</body>
</html>
```

加粗的代码 <input type="submit" name="button" value=" 关闭窗口 "onclick=" window.close()"> 表示将按钮的显示文字设置为"关闭窗口"，处理程序设置为 window.close()，在浏览器中浏览效果如图 8-5 所示。当单击"关闭窗口"按钮时将弹出一个关闭窗口提示框。

图 8-5　设置普通按钮

8.2.6　提交按钮：submit

提交按钮是一种特殊的按钮，单击该类按钮可以实现表单内容的提交。

基本语法：

```
<input type="submit" name="按钮的名称" value="按钮的取值" />
```

语法说明：

在该语法中，value 同样用来设置显示在按钮上的文字。

实例代码：

```
<!doctype html>
<html>
<head>
<meta charset="utf-8">
<title>提交按钮</title>
</head>
<body>
<table width="100%" cellspacing="0" cellpadding="0">
  <tr>
    <td><form action="mailto:weixiaofoxw.com" name="form1" method="post"
enctype="application/x-www-form-urlencoded"target="_blank" >
      <p>用户名                          :
        <input name="textfield" type="text" size="20" maxlength="15" />
      </p>
      <p>密码:
 <input name="textfield2" type="password" value="abcdef"  size="25"
maxlength="6" />
      </p>
```

```
    <p>性别：
 <input name="radiobutton" type="radio" value="radiobutton"
checked="checked" />
男
<input type="radio" name="radiobutton" value="radiobutton" />
女 </p>
    <p>
     <input type="submit" name="button" value="提交">
    </p>
   </form>
</td>
  </tr>
</table>
</body>
</html>
```

加粗的代码<input type="submit" name="button" value="提交">表示将按钮的名称设置为 button，取值设置为"提交"，在浏览器中浏览效果如图 8-6 所示。

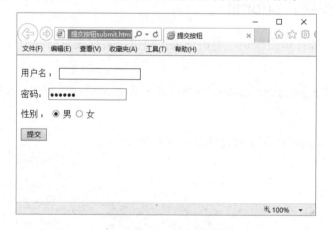

图 8-6　设置提交按钮

8.2.7　重置按钮：reset

重置按钮可以清除用户在页面中输入的信息，将其恢复成默认的表单内容。

基本语法：

```
<input type="reset" name="按钮的名称" value="按钮的取值" />
```

语法说明：

在该语法中，value 同样用来设置显示在按钮上的文字。

实例代码：

```
<!doctype html>
<html>
```

```
<head>
<meta charset="utf-8">
<title>重置按钮</title>
</head>
<body>
<table width="100%" cellspacing="0" cellpadding="0">
  <tr>
    <td><form action="mailto:weixiaofoxw.com" name="form1" method="post"
 enctype="application/x-www-form-urlencoded"target="_blank" >
      <p>用户名                         ：
        <input name="textfield" type="text" size="20" maxlength="15" />
      </p>
      <p>密码:
 <input name="textfield2" type="password" value="abcdef"  size="25"
maxlength="6" />
      </p>
      <p>性别 ：
<input name="radiobutton" type="radio" value="radiobutton"
checked="checked" />男
<input type="radio" name="radiobutton" value="radiobutton" />女 </p>
      <p>
        <input type="submit" name="button" value="提交">
        <input type="reset" name="button2" value="重置">
      </p>
    </form></td>
  </tr>
</table>
</body>
</html>
```

加粗的代码<input type="reset" name="button2" value="重置">表示将按钮的类型设置为
reset，显示文字设置为"重置"，在浏览器中浏览效果如图 8-7 所示。

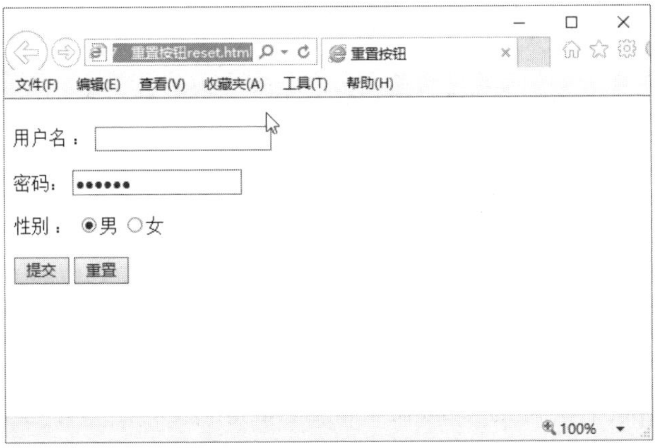

图 8-7　设置重置按钮

8.2.8 图像域：image

图像域是指用在提交按钮位置的图像，使得这幅图像具有按钮的功能。一般来说，使用默认的按钮形式往往会让人觉得单调，若网页使用了较为丰富的色彩，或者稍微复杂的设计，再使用表单默认的按钮形式可能会破坏整体的美感。这时，可以使用图像域，创建和网页整体效果一致的图像提交按钮。

基本语法：

```
<input name="图像域的名称" type="image" src="图像域的地址" />
```

语法说明：

在语法中，图像的路径可以是绝对路径也可以是相对路径。

实例代码：

```
<!doctype html>
<html>
<head>
<meta charset="utf-8">
<title>图像域</title>
</head>
<body>
<table width="100%" cellspacing="0" cellpadding="0">
  <tr>
    <td><form action="mailto:weixiaofoxw.com" name="form1" method="post"
enctype="application/x-www-form-urlencoded"target="_blank" >
    <p>会员登录</p>
    <p>账号:
     <input name="textfield" type="text" size="25" maxlength="15" />
    </p>
    <p>密码: <input name="textfield2" type="password" value="abcdef"
size="25" maxlength="6" />
    </p>
    <p>
  <input type="image" name="imageField" id="imageField" src="1.jpg" />
  </p>
</form>
</td>
  </tr>
</table>
</body>
</html>
```

加粗的代码<input type=image name="imageField" src="1.jpg" >表示将图像域的名称设置为imageField，地址设置为1.jpg，在浏览器中浏览效果如图8-8所示。

图 8-8 设置图像域

8.2.9 隐藏域：hidden

隐藏域在页面中对于用户来说是看不见的。在表单中插入隐藏域的目的在于收集和发送信息，以便于被处理表单的程序所使用。发送表单时，隐藏域的信息也被一起发送到服务器。

基本语法：

```
<input name="隐藏域的名称" type="hidden" value="隐藏域的取值" />
```

语法说明：

通过将 type 属性设置为 hidden，可以根据需要在表单中使用任意多的隐藏域。

实例代码：

```
<!doctype html>
<html>
<head>
<meta charset="utf-8">
<title>隐藏域</title>
</head>
<body>
<table width="100%" cellspacing="0" cellpadding="0">
  <tr>
    <td><form action="mailto:weixiaofoxw.com" name="form1" method="post"
enctype="application/x-www-form-urlencoded"target="_blank" >
      <p>  会员登录</p>
<p>账号: <input name="textfield" type="text" size="25" maxlength="15" /></p>
<p>密码: <input name="textfield2" type="password" value="abcdef"  size="25"
maxlength="6" />
      <input type="hidden" name="hiddenField" value="1"/>
      </p>
      <p>
  <input type="image" name="imageField" id="imageField" src="1.jpg" />
      </p>
```

```
</form>
</td>
  </tr>
</table>
</body>
</html>
```

加粗的代码<input name=type="hidden" "hiddenField" value="1">表示将隐藏域的名称设置为 hiddenField，取值设置为 1，在浏览器中浏览效果如图 8-9 所示，即隐藏域的内容不可见。

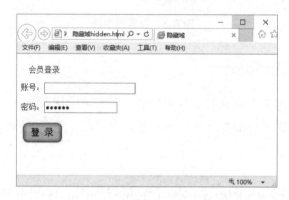

图 8-9　设置隐藏域

8.2.10　文件域：file

文件域是由一个文本框和一个"浏览"按钮组成的，用户可以直接将要上传给网站的文件的路径输入在文本框中，也可以单击"浏览"按钮进行选择。

基本语法：

```
<input name="文件域的名称" type="file" size="文件域的长度" maxlength="最多字符数" />
```

语法说明：

只要将<input>标签中 type 属性值设为 file 就可以插入文件选择输入框，enctype 属性确保文件采用正确的格式上传，对于允许文件上传的表单，不能使用 get 方法。

实例代码：

```
<!doctype html>
<html>
<head>
<meta charset="utf-8">
<title>文件域</title>
</head>
<body>
<table width="100%" cellspacing="0" cellpadding="0">
```

```
 <tr>
  <td>
<form action="mailto:weixiaofoxw.com" name="form1" method="post"
enctype="multipart/form-data"target="_blank" >
   <p>请选择文件
   <input name="fileField" type="file" id="fileField" size="30"
maxlength="40" />
   </p>
</form>
</td>
  </tr>
</table>
</body>
</html>
```

加粗的代码<input name="fileField" type="file" size="30" maxlength="40">表示将文件域
的名称设置为 fileField，长度设置为 30，最多字符数设置为 40，在浏览器中浏览效果如
图 8-10 所示。

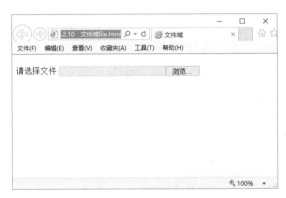

图 8-10　设置文件域

8.3　选择列表条目标签：<option>

一个列表可以包括一个或多个项目。当需要显示许多项目时，菜单就非常有用。表单
中有两种类型的菜单：一种是单击时出现下拉的菜单，称为下拉菜单；另一种菜单则是显
示为一个列有项目的可滚动列表，可从该列表中选择项目，称为滚动列表。菜单和列表主
要是为了节省页面的空间，它们都是通过<select>和<option>标签来实现的。

下拉菜单是一种最节省页面空间的选择方式，因为在正常状态下只显示 1 个选项，单
击按钮打开菜单后才会看到全部选项。

基本语法：

```
<select name="下拉菜单的名称">
<option value="选项值"selected>选项显示内容</option>
```

```
......
</select>
```

语法说明:

在该语法中,"选项值"是提交表单时的值,而"选项显示的内容"才是真正在页面中要显示的。selected 表示该选项在默认情况下是选中的,一个下拉菜单中只能有 1 项被选中。

实例代码:

```html
<!doctype html>
<html>
<head>
<meta charset="utf-8">
<title>选择列表条目元素</title>
</head>
<body>
<table width="100%" cellspacing="0" cellpadding="0">
  <tr>
    <td>
<form action="mailto:weixiaofoxw.com" name="form1" method="post"
enctype="multipart/form-data"target="_blank" >
      <p>所在地区: </p>
      <p>
  <select name="select">
    <option value="1">北京</option>
    <option value="2">上海</option>
    <option value="3">深圳</option>
    <option value="4">山东</option>
    <option value="5">广东</option>
    <option value="6">广州</option>
    <option value="7">江苏</option>
  </select>
      </p>
    <input type="submit" name="button" value="提交">
    </form>
</td>
  </tr>
</table>
</body>
</html>
```

加粗的代码表示下拉菜单,名称为 select,下拉菜单中包括 7 个菜单项,在浏览器中浏览效果如图 8-11 所示。

图 8-11 设置下拉菜单

8.4 选择列表标签：<select>

列表项在页面中可以显示出几条信息，一旦超出这个信息量，在列表右侧会出现滚动条，拖动滚动条可以看到所有的选项。

8.4.1 高度属性：size

用 size 属性可以改变下拉框的大小。

基本语法：

```
<select name="列表项的名称" size="显示的列表项数">
<option value="选项值"selected>选项显示内容(/option)
……
</select>
```

语法说明：

在语法中，size 的属性的值是数字，表示显示在列表中的选项的数目，当 size 属性的值小于列表框中的列表项数目时，浏览器会为该下拉框添加滚动条，用户可以使用滚动条来查看所有的选项，size 默认值为 1。

实例代码：

```
<!doctype html>
<html>
<head>
<meta charset="utf-8">
<title>选择列表元素</title>
</head>
<body>
<table width="100%" cellspacing="0" cellpadding="0">
  <tr>
    <td>
```

```
<form action="mailto:weixiaofoxw.com" name="form1" method="post"
enctype="multipart/form-data"target="_blank" >
    <p>所在地区：</p>
    <p>
 <select name="select" size="4" >
  <option value="1">北京</option>
  <option value="2">上海</option>
  <option value="3">深圳</option>
  <option value="4">山东</option>
  <option value="5">广东</option>
  <option value="6">广州</option>
  <option value="7">江苏</option>
 </select>
    </p>
    <input type="submit" name="button" value="提交">
    </form>
</td>
  </tr>
</table>
</body>
</html>
```

加粗的代码表示将列表项的名称设置为 select，显示的列表中的列表项数设置为 4，在
浏览器中浏览效果如图 8-12 所示。

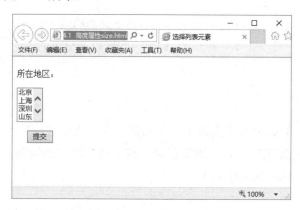

图 8-12　设置列表项的高度

8.4.2　多项选择属性：multiple

multiple 属性规定可同时选择多个选项。可以把 multiple 属性与 size 属性配合使用，来
定义可见选项的数目。

基本语法：

```
<select name="列表项的名称" size="显示的列表项数" multiple>
<option value="选项值"selected>选项显示内容</option>
```

```
......
</select>
```

语法说明：

如果加上 multiple 属性，表示允许用户从列表中选择多项。

实例代码：

```
<!doctype html>
<html>
<head>
<meta charset="utf-8">
<title>选择列表元素</title>
</head>
<body>
<table width="100%" cellspacing="0" cellpadding="0">
  <tr>
    <td>
<form action="mailto:weixiaofoxw.com" name="form1" method="post"
enctype="multipart/form-data"target="_blank" >
    <p>所在地区：</p>
    <p>
  <select name="select" size="4" multiple >
   <option value="1">北京</option>
   <option value="2">上海</option>
   <option value="3">天津</option>
   <option value="4">河北</option>
   <option value="5">山东</option>
   <option value="6">广州</option>
   <option value="7">江苏</option>
  </select>
    </p>
    <input type="submit" name="button" value="提交">
    </form>
</td>
  </tr>
</table>
</body>
</html>
```

加粗的代码表示添加了 multiple 多项属性，在浏览器中浏览效果如图 8-13 所示。

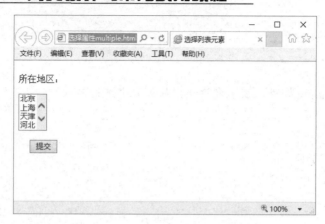

图 8-13　设置列表项的多项选择

8.5　文本区域标签：<textarea>

当需要让浏览者填入多行文本时，就应该使用文本区域而不是文本字段了。和其他大多数表单对象不一样，文本区域使用的是<textarea>标签而不是<input>标签。

基本语法：

```
<textarea name="文本区域的名称" cols="长度" rows="行数"></textarea>
```

语法说明：

在该语法中，cols 用于设置文本域的列数，也就是其宽度值。rows 用于设置文本域的行数，也就是其高度值，当文本内容超出这一范围时会出现滚动条。

实例代码：

```
<!doctype html>
<html>
<head>
<meta charset="utf-8">
<title>文本区域元素</title>
</head>
<body>
<table width="100%" cellspacing="0" cellpadding="0">
  <tr>
    <td>
<form action="mailto:weixiaofoxw.com" name="form1" method="post"
enctype="multipart/form-data"target="_blank" >
    <p>请提出宝贵意见：</p>
    <p>
    <textarea name="textarea" id="textarea" cols="50" rows="5"></textarea>
    </p>
<input type="submit" name="button" value="提交">
</form>
```

```
</td>
  </tr>
</table>
</body>
</html>
```

加粗的代码<textarea name="textarea" cols="50" rows="5"></textarea>表示将文本区域的名称设置为 textarea，宽度设置为 50，行数设置为 5，在浏览器中浏览效果如图 8-14 所示。

图 8-14   设置文本区域

本 章 小 结

表单的用途很多，在制作网页时，特别是制作注册页时常常会用到。表单的作用就是收集用户的信息，将其提交到服务器，从而实现与使用者交互。表单是 HTML 页面与服务器实现交互的重要手段。本章主要讲述了表单元素、表单控件、选择列表条目元素等标签的基本应用。

练 习 题

1. 填空题

(1) 在网页中_____标记对用来创建一个表单，即定义表单的开始和结束位置，在标记对之间的一切都属于表单的内容。

(2) 目标窗口的打开方式有 4 个选项：_____、_____、_____和_____。其中_____为将链接的文件载入一个未命名的新浏览器窗口中；_____为将链接的文件载入含有该链接框架的父框架集或父窗口中；_____为将链接的文件载入该链接所在的同一框架或窗口中；_____为在整个浏览器窗口中载入所链接的文件，因而会删除所有框架。

(3) 菜单和列表主要是为了节省页面的空间，它们都是通过_____和_____标记来实现的。

2. 操作题

制作一个留言表单，如图 8-15 所示。

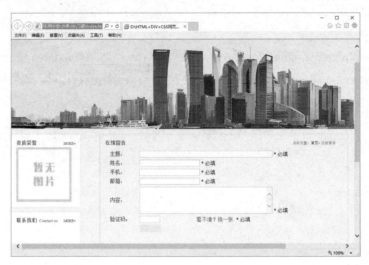

图 8-15 　 表单效果

第 9 章　HTML 5 的结构

【学习目标】

HTML 5 是一种网络标准，相比现有的 HTML4.01 和 XHTML 1.0，可以实现更强的页面表现性能，同时充分调用本地的资源，实现不输于 APP 的功能效果。HTML 5 带给了浏览者更好的视觉冲击，同时让网站程序员与 HTML 语言更好地"沟通"。虽然现在 HTML 5 还没有完善，但是使得以后的网站建设拥有更好的发展。

本章主要内容包括：

(1)　认识 HTML 5；

(2)　HTML 5 的新特性；

(3)　HTML 5 与 HTML 4 的区别；

(4)　新增的主体结构元素；

(5)　新增的非主体结构元素。

9.1　认识 HTML 5

HTML 最早是作为显示文档的手段出现的。再加上 JavaScript，它其实已经演变成了一个系统，可以开发搜索引擎、在线地图、邮件阅读器等各种 Web 应用。虽然设计巧妙的 Web 应用可以实现很多令人赞叹的功能，但开发这样的应用远非易事。多数都得手动编写大量 JavaScript 代码，还要用到 JavaScript 工具包，乃至在 Web 服务器上运行的服务器端 Web 应用。要让所有这些方面在不同的浏览器中都能紧密配合不出差错是一个挑战。由于各大浏览器厂商的内核标准不一样，使得 Web 前端开发者通常在因兼容性问题而引起的 Bug 上要浪费很多的精力。

HTML 5 是 2010 年正式推出来的，随即引起了世界上各大浏览器开发商的极大热情，不管是 Fire fox，Chrome 还是 IE9 等。那 HTML 5 为什么会如此受欢迎呢？

在新的 HTML 5 语法规则当中，部分的 JavaScript 代码将被 HTML 5 的新属性所替代，部分的 DIV 的布局代码也将被 HTML 5 变为更加语义化的结构标签，这使得网站前端的代码变得更加精练、简洁和清晰，让代码的开发者也更加地一目了然代码所要表达的意思。

HTML 5 是一种设计来组织 Web 内容的语言，其目的是通过创建一种标准的和直观的标记语言来使 Web 设计和开发变得容易起来。HTML 5 提供了各种切割和划分页面的手段，允许你创建的切割组件不仅能用来逻辑地组织站点，而且能够赋予网站聚合的能力。这是 HTML 5 富于表现力的语义和实用性美学的基础，HTML 5 赋予设计者和开发者各种层面的能力来向外发布各式各样的内容，从简单的文本内容到丰富的、交互式的多媒体无不包括在内。

9.2　HTML 5 的新特性

HTML 5 将会取代 1999 年制定的 HTML 4.01、XHTML 1.0 标准，以期能在互联网应用迅速发展的时候，使网络标准达到符合当代的网络需求，为桌面和移动平台带来无缝衔接的丰富内容。

1．语义特性(Semantic)

HTML 5 赋予网页更好的意义和结构。

2．本地存储特性(OFFLINE & STORAGE)

基于 HTML 5 开发的网页 APP 拥有更短的启动时间，更快的联网速度，这些全得益于 HTML 5 APP Cache，以及本地存储功能。

3．设备访问特性 (DEVICE ACCESS)

自 Geolocation 功能的 API 文档公开以来，HTML 5 为网页应用开发者们提供了更多功能上的优化选择，带来了更多体验功能的优势。HTML 5 提供了前所未有的数据与应用接入开放接口，使外部应用可以直接与浏览器内部的数据直接相连，例如视频影音可直接与 Microphones 及摄像头相连。

4．连接特性(CONNECTIVITY)

更有效的连接工作效率，使得基于页面的实时聊天、更快速的网页游戏体验、更优化的在线交流得到了实现。HTML 5 拥有更有效的服务器推送技术，Server-Sent Event 和 WebSockets 就是其中的两个特性，这两个特性能够帮助我们实现服务器将数据"推送"到客户端的功能。

5．网页多媒体特性(MULTIMEDIA)

支持网页端的 Audio、Video 等多媒体功能，　与网站自带的 APPS、摄像头、影音功能相得益彰。

6．三维、图形及特效特性(3D, Graphics & Effects)

基于 SVG、Canvas、WebGL 及 CSS 3 的 3D 功能，用户会惊叹于在浏览器中所呈现的惊人视觉效果。

7．性能与集成特性(Performance & Integration)

没有用户会永远等待你的 Loading——HTML 5 会通过 XMLHttpRequest2 等技术，解决以前的跨域等问题，帮助你的 Web 应用和网站在多样化的环境中更快速地工作。

9.3　HTML 5 与 HTML 4 的区别

　　HTML 5 是最新的 HTML 标准，HTML 5 语言更加精简，解析的规则更加详细。针对不同的浏览器，即使出现语法错误也可以显示出同样的效果。下面列出的就是一些 HTML4 和 HTML 5 之间主要的不同之处。

9.3.1　HTML 5 的语法变化

　　HTML 的语法是在 SGML 语言的基础上建立起来的。但是 SGML 语法非常复杂，要开发能够解析 SGML 语法的程序也很不容易，所以很多浏览器都不包含 SGML 的解析器。因此，虽然 HTML 基本遵从 SGML 的语法，但是对于 HTML 的执行，各浏览器之间并没有一个统一的标准。

　　在这种情况下，各浏览器之间的兼容性和互操作性在很大程度上取决于网站或网络应用程序的开发者们在开发上所做的共同努力，而浏览器本身始终是存在缺陷的。

　　在 HTML 5 中提高 Web 浏览器之间的兼容性是它的一个很大的目标，为了确保兼容性，就要有一个统一的标准。因此，在 HTML 5 中，就围绕着这个 Web 标准，重新定义了一套在现有的 HTML 的基础上修改而来的语法，使它运行在各浏览器时各浏览器都能够符合这个通用标准。

　　因为关于 HTML 5 语法解析的算法也都提供了详细的记载，所以各 Web 浏览器的供应商们可以把 HTML 5 分析器集中封装在自己的浏览器中。最新的 Firefox(默认为 4.0 以后的版本)与 WebKit 浏览器的引擎中都迅速地封装了供 HTML 5 使用的解析器。

9.3.2　HTML 5 中的标记方法

　　下面我们来看看在 HTML 5 中的标记方法。

1. 内容类型

　　HTML 5 文件扩展名仍然为 ".html" 或 ".htm"，内容类型(ContentType)仍然为 "text/html"。

2. DOCTYPE 声明

```
<!DOCTYPE html>
```

　　HTML 5 中不可以使用版本声明，一份文档将适用于所有版本的 HTML。

3. 指定字符编码

　　HTML 5 中可以使用<meta>元素直接追加 charset 属性的方式来指定字符编码：<meta charset="UTF-8">;。

　　HTML4 中使用<meta http-equiv="Content-Type" content="text/html;charset=UTF-8">继

续有效，但不能同时混合使用两种方式。

HTML 5 中对于文件的字符编码推荐使用 UTF-8。

4．具有 boolean 值的属性

当只写属性而不指定属性值时表示属性为 true，也可以将属性名设定为属性值或将空字符串设定为属性值；如果想要将属性值设置为 false，可以不使用该属性。

5．引号

指定属性时属性值两边既可以用双引号，也可以用单引号。当属性值不包括空字符串、"<"、">"、"="、单引号、双引号等字符时，属性两边的引号可以省略。例如：<input type="text">　<input type='text'>　<input type=text>。

9.3.3　HTML 5 语法中的 3 个要点

HTML 5 中规定的语法，在设计上兼顾了与现有 HTML 之间最大程度的兼容性。下面就来看看具体的 HTML 5 语法。

1．可以省略标签的元素

在 HTML 5 中，有些元素可以省略标签，具体来讲有 3 种情况。

(1) 必须写明结束标签。

<area>、<base>、
、<col>、<command>、<embed>、<hr>、<img>、<input>、<keygen>、<link>、<meta>、<param>、<source>、<track>、<wbr>

(2) 可以省略结束标签。

<li>、<dt>、<dd>、<p>、<rt>、<rp>、<optgroup>、<option>、<colgroup>、<thead>、<tbody>、<tfoot>、<tr>、<td>、<th>

(3) 可以省略整个标签。

<html>、<head>、<body>、<colgroup>、<tbody>

需要注意的是，虽然这些元素可以省略，但实际上却是隐形存在的。

例如："<body>"标签可以省略，但在 DOM 树上它是存在的，可以永恒访问到"document.body"。

2．取得 boolean 值的属性

取得布尔值(boolean)的属性，例如 disabled 和 readonly 等，通过默认属性的值来表达值为 true。

此外，在写明属性值来表达值为 true 时，可以将属性值设为属性名称本身，也可以将值设为空字符串。

```
<!--以下的 checked 属性值皆为 true-->
<input type="checkbox" checked>
```

```
<input type="checkbox" checked="checked">
<input type="checkbox" checked="">
```

3．省略属性的引用符

在 HTML4 中设置属性值时，可以使用双引号或单引号来引用。

在 HTML 5 中，只要属性值不包含空格、"<"、">"、"'"、"""、"`"、"="
等字符，都可以省略属性的引用符。

例如：

```
<input type="text">
<input type='text'>
<input type=text>
```

9.4　新增的主体结构标签

在 HTML 5 中，为了使文档的结构更加清晰明确，容易阅读，增加了很多新的结构元
素，如页眉、页脚、内容区块等结构元素。

9.4.1　<article>标签

<article>标签规定独立的自包含内容。一篇文章应有其自身的意义，应该有可能独立于
站点的其余部分对其进行分发。

<article>元素的潜在来源：论坛帖子、报纸文章、博客条目、用户评论。

实例代码：

```
<!doctype html>
<html>
<head>
<meta charset="utf-8">
<title>无标题文档</title>
</head>
<body>
<article>
    <header>
        <h1>幸运，是勤奋努力后发出的光</h1>
        <p>发表日期： <time pubdate="pubdate">2016/09/09</time></p>
    </header>
    <p>我们总是喜欢将别人的成功归因于运气，而将自己的成功归因于聪明，于是每个人都不喜
欢把自己艰辛努力的过程去告诉他人，好像努力是一件很丢人的事情。可是，机遇喜欢眷顾的从来
都不是天赋极好的聪明人士，而是勤奋努力的人。</p>
    <footer>
        <p><small>版权所有@星云文学社</small></p>
    </footer>
```

```
</article>
</body>
</html>
```

在<header>标签中嵌入了文章的标题部分，在<h1>标签中是文章的标题"幸运，是勤奋努力后发出的光"，文章的发表日期在<p>标签中。在标题下部的<p>标签中是文章的正文，在结尾处的<footer>标签中是文章的版权。对这部分内容使用了<article>标签。在浏览器中效果如图 9-1 所示。

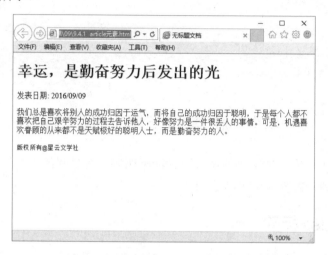

图 9-1　<article>标签

9.4.2　<section>标签

<section>标签定义文档中的节(section)。比如章节、页眉、页脚或文档中的其他部分。

<section>标签用于对网站或应用程序中页面上的内容进行分块。一个<section>标签通常由内容及其标题组成。但<section>标签也并非一个普通的容器元素，当一个容器需要被重新定义样式或者定义脚本行为的时候，还是推荐使用 DIV 控制。

实例代码：

```
<!doctype html>
<html>
<head>
<meta charset="utf-8">
<title>无标题文档</title>
</head>
<body>
<section>
    <h1>体育项目</h1>
    <p>为了强身祛病、娱乐身心及提高运动技术水平所采用的各项活动内容和方法的总称。通常也叫运动项目或体育手段。</p>
</section>
```

下面是一个带有 **section** 元素的 **article** 元素例子。

```
<article>
  <h1>跳水</h1>
    <p>跳水是一项优美的水上运动,它是从高处用各种姿势跃入水中或是从跳水器械上起跳,在
空中完成一定动作姿势,并以特定动作入水的运动。</p>
    <section>
        <h2>田径</h2>
        <p>田径运动是田赛、径赛和全能比赛的总称。</p>
    </section>
    <section>
        <h2>篮球</h2>
        <p>篮球(basketball)是奥运会核心比赛项目,是以手为中心的对抗性体育运动。篮球
运动起源于美国。</p>
    </section>
</article>
</body>
</html>
```

从上面的代码可以看出,首页整体呈现的是一段完整独立的内容,所有我们要用
<article>标签包起来,这其中又可分为 3 段,每一段都有一个独立的标题,使用了两个
<section>标签为其分段。这样使文档的结构显得清晰。在浏览器中效果如图 9-2 所示。

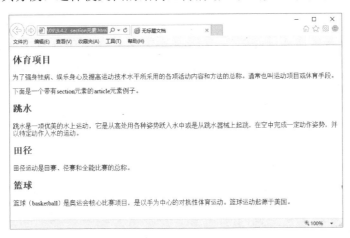

图 9-2　带有<section>标签的<article>标签实例

9.4.3　<nav>标签

　　<nav>标签在 HTML 5 中用于包裹一个导航链接组,用于显式地说明这是一个导航组,
在同一个页面中可以同时存在多个<nav>。

　　并不是所有的链接组都要被放进<nav>元素,只需将主要的、基本的链接组放进<nav>
标签即可。例如,在页脚中通常会有一组链接,包括服务条款、首页、版权声明等,这时
使用<footer>标签最恰当。

实例代码：

```
<!doctype html>
<html>
<head>
<meta charset="utf-8">
<title>导航</title>
</head>
<body>
<header>
  <h1>网站导航
    <h1>
    <nav>
     <ul>
       <li><a href="index.html">首页</a></li>
       <li><a href="about.html">关于我们</a></li>
       <li><a href="bbs.html">联系我们</a></li>
     </ul>
     </nav>
  </h1></h1>
  </header>
</body>
</html>
```

这个实例是页面之间的导航，<nav>标签中包含了 3 个用于导航的超级链接，即"首页"、"关于我们"和"联系我们"。该导航可用于全局导航，也可放在某个段落，作为区域导航。运行代码结果如图 9-3 所示。

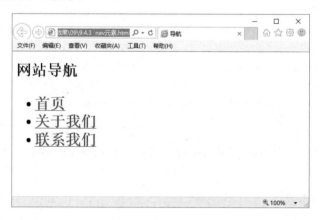

图 9-3 网站导航

9.4.4 <aside>标签

<aside>标签用来表示当前页面或文章的附属信息部分，它可以包含与当前页面或主要内容相关的引用、侧边栏、广告、导航条，以及其他类似的有别于主要内容的部分。

实例代码：

```
<!doctype html>
<html>
<head>
<meta charset="utf-8">
<title>无标题文档</title>
</head>
<body>
<aside>
<h2>新闻资讯</h2>
<ul>
<li>企业新闻</li>
<li>行业信息</li>
</ul>
<h2>经营产品</h2>
<ul>
<li>毛衣</li>
<li>牛仔裤</li>
<li>鞋子</li>
</ul>
</aside>
</body>
</html>
```

<side>标签作为页面或站点全局的附属信息部分，在浏览器中浏览效果如图 9-4 所示。

图 9-4　<aside>标签实例

9.4.5　<time>标签

<time>是 HTML 5 新增加的一个标签，用于定义时间或日期。该标签可以代表 24 小时中的某一时刻，在表示时刻时，允许有时间差。在设置时间或日期时，只需将该标签的属性"datetime"设为相应的时间或日期即可。

实例代码：

```
<!doctype html>
<html>
<head>
<meta charset="utf-8">
<title>无标题文档</title>
</head>
<body>
<article>
    <header>
        <h1>圣诞节舞会通知</h1>
        <p>发布日期
        <time datetime="2016-12-11" pubdate>2016 年 12 月 11 日</time>
        </p>
    </header>
    <p>大家好，我是梦圆幼儿园的代表……</p>
</article>
</body>
</html>
```

加粗的代码即<time>标签代表了文章(<article>标签里的内容)或者整个网页的发布日期，在浏览器中浏览效果如图 9-5 所示。

图 9-5　<time>标签实例

9.4.6　pubdate 属性

pubdate 属性指示<time>元素中的日期/时间是文档的发布日期。

实例代码：

```
<!doctype html>
<html>
<head>
<meta charset="utf-8">
```

```
<title>无标题文档</title>
</head>
<body>
<article>
<time datetime="2016-06-22" pubdate="pubdate"></time>
大家好，欢迎光临我的主页....
</article>
</body>
</html>
```

在浏览器中浏览效果如图 9-6 所示。

图 9-6　pubdate 属性

9.5　新增的非主体结构标签

除了以上几个主要的结构元素之外，HTML 5 还增加了一些表示逻辑结构或附加信息的非主体结构元素。

9.5.1　<header>标签

<header>标签是一种具有引导和导航作用的结构元素，通常用来放置整个页面或页面内的一个内容区块的标题，<header>内也可以包含其他内容，例如表格、表单或相关的 Logo 图片。

实例代码：

```
<!doctype html>
<html>
<head>
<meta charset="utf-8">
<title>无标题文档</title>
</head>
<body>
<header>
  <hgroup>
```

```
    <h1>人一生要去的 50 个地方</h1>
    <p>通过《人一生要去的 50 个地方》，你可以更深入地了解这些地方的人文、历史、景观、风
土人情等；书中文字诠释，让你在不知不觉中展开一段愉悦的精神之旅。</p>
  </hgroup>
  <nav>
    <ul>
      <li>第一部  顶尖城市</li>
      <li>第二部  野外探险</li>
      <li>第三部  度假胜地</li>
    </ul>
  </nav>
</header>
</body>
</html>
```

在 HTML 5 中，一个<header>标签通常包括至少一个 headering 标签(<h1>~<h6>)，也可以包括<hgroup><nav>等标签。加粗代码是<header>标签使用实例，运行代码结果如图 9-7 所示。

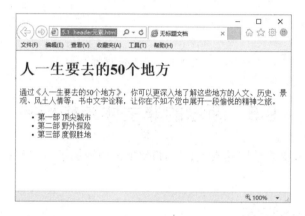

图 9-7　<header>标签使用实例

9.5.2　<hgroup>标签

<header>标签位于正文开头，可以在这些标签中添加<h1>标签，用于显示标题。基本上，<h1>标签已经足够用于创建文档各部分的标题行。但是，有时候还需要添加副标题或其他信息，以说明网页或各节的内容。

<hgroup>标签是将标题及其子标题进行分组的标签。<hgroup>标签通常会将<h1>~<h6>标签进行分组，一个内容区块的标题及其子标题算一组。

实例代码：

```
<!doctype html>
<html>
<head>
```

```
<meta charset="utf-8">
<title>无标题文档</title>
</head>
<body>
<article>
    <header>
        <hgroup>
            <h1>三亚旅游景点介绍</h1>
            <h2>三亚</h2>
        </hgroup>
        <p>
            <time datetime="2013-05-20">2016 年 05 月 20 日</time></p>
    <p>三亚北靠高山，南临大海，地势自北向南逐渐倾斜，形成一个狭长的多角形。境内海岸线长
258.65 千米，有大小港湾 19 个。主要港口有三亚港、榆林港、南山港、铁炉港、六道港等。</p>
    </header>
</article>
</body>
</html>
```

加粗的代码是运用了<hgroup>标签显示标题，运行代码效果如图 9-8 所示。

图 9-8　<hgroup>标签实例

9.5.3　<footer>标签

<footer>通常包括其相关区块的脚注信息，如作者、相关阅读链接及版权信息等。
<footer>标签和<header>标签使用基本上一样，可以在一个页面中使用多次，如果在一个区
段后面加入<footer>标签，那么它就相当于该区段的尾部了。

在 HTML 5 出现之前，通常使用类似下面的方法来写页面的页脚。

```
<div id="footer">
    <ul>
        <li>版权信息</li>
```

```
    <li>站点地图</li>
    <li>联系方式</li>
  </ul>
<div>
```

在 HTML 5 中，可以不使用<div>，而用更加语义化的<footer>来写。

```
<footer>
  <ul>
    <li>版权信息</li>
    <li>站点地图</li>
    <li>联系方式</li>
  </ul>
</footer>
```

<footer>标签既可以用作页面整体的页脚，也可以作为一个内容区块的结尾，例如可以将<footer>直接写在<section>或是<article>中。

在<article>标签中添加<footer>标签。

```
<article>
    文章内容
    <footer>
        文章的脚注
    </footer>
</article>
```

在<section>标签中添加<footer>标签。

```
<section>  .
    分段内容
    <footer>
        分段内容的脚注
    </footer>
</section>
```

9.5.4 <address>标签

<address>标签通常位于文档的末尾，用于在文档中呈现联系信息，包括文档创建者的名字、站点链接、电子邮箱、真实地址、电话号码等。<address>不只是用来呈现电子邮箱或真实地址这样的"地址"概念，而应该包括与文档创建人相关的各类联系方式。

实例代码：

```
<!doctype html>
<html>
<head>
<meta charset="utf-8">
<title>address 元素实例</title>
```

```
</head>
<body>
<address>
<a href="mailto:example@example.com">网站建设</a><br />
山东建设公司<br />
历下区 58 号<br />
</address>
</body>
</html>
```

浏览器中显示地址的方式与其周围的文档不同，IE、Firefox 和 Safari 浏览器以斜体显示地址，运行代码效果如图 9-9 所示。

图 9-9　<address>标签实例

本 章 小 结

自 HTML4 诞生以来，整个互联网环境、硬件环境都发生了翻天覆地的变化，开发者期望标准统一、用户渴望更好体验的呼声越来越高。2010 年，随着 HTML 5 的迅猛发展，各大浏览器开发公司如谷歌、微软、苹果和 Opera 的浏览器开发业务都变得异常繁忙。在这种局势下，学习 HTML 5 无疑成为 Web 开发者的一大重要任务，谁先学会 HTML 5，谁就掌握了迈向未来 Web 平台的一把钥匙。

练 习 题

1. 填空题

(1) ＿＿＿＿标签规定独立的自包含内容。一篇文章应有其自身的意义，应该有可能独立于站点的其余部分对其进行分发。

(2) ＿＿＿＿标签在 HTML 5 中用于包裹一个导航链接组，用于显式地表明这是一个导航组，在同一个页面中可以同时存在多个＿＿＿＿。

(3) <time>是 HTML 5 新增加的一个标签，用于定义时间或日期。该元素可以代表 24

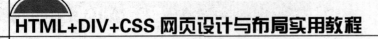

小时中的某一时刻，在表示时刻时，允许有时间差。在设置时间或日期时，只需将该元素的属性_____设为相应的时间或日期即可。

2. 操作题

制作一个网站导航效果，如图 9-10 所示。

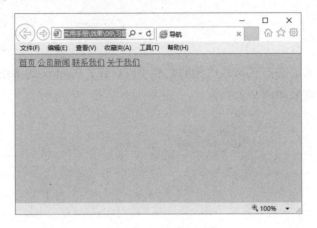

图 9-10　网站导航

第 10 章 CSS 基础知识

【学习目标】

对于一个网页设计者来说，对 HTML 语言一定不感到陌生，因为它是网页制作的基础，但是如果希望网页能够美观、大方，并且升级维护方便，那么仅仅知道 HTML 还是不够的，还需要了解 CSS。了解 CSS 基础知识，可以为后面的学习打下基础。

本章主要内容包括：

(1) 为什么在网页中加入 CSS；

(2) 基本的 CSS 选择器；

(3) 在 HTML 中使用 CSS；

(4) 设置 CSS 属性。

10.1　为什么要在网页中加入 CSS

CSS 是 Cascading Style Sheet 的缩写，又称为"层叠式样式表"，简称为样式表。它是一种制作网页的新技术，现在已经为大多数浏览器所支持，成为网页设计必不可少的工具之一。

10.1.1　什么是 CSS

网页最初是用 HTML 标签来定义页面文档及格式，如标题<hl>、段落<p>、表格<table>等。但这些标签不能满足更多的文档样式需求，为了解决这个问题，在 1997 年 W3C 颁布 HTML 4 标准的同时也公布了有关样式表的第一个标准——CSS 1。自 CSS 1 版本之后，又在 1998 年 5 月发布了 CSS 2 版本，样式表得到了更多的充实。使用 CSS 能够简化网页的格式代码，加快下载显示的速度，也减少了需要上传的代码数量，大大减少了重复劳动的工作量。

样式表的首要目的是为网页上的元素精确定位。其次，它把网页上的内容结构和格式控制相分离。浏览者想要看的是网页上的内容结构，而为了让浏览者更好地看到这些信息，就要通过格式来控制。内容结构和格式控制相分离，使得网页可以仅由内容构成，而将网页的格式通过 CSS 样式表文件来控制。

网页设计中我们通常需要统一网页的整体风格，统一的风格大部分涉及网页中文字属性、网页背景色以及链接文字属性等，如果我们应用 CSS 来控制这些属性，会大大提高网页的设计速度，更加统一网页总体效果。

例如图 10-1 和图 10-2 所示的网页分别为使用 CSS 前后的效果。

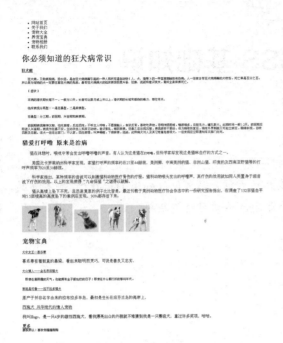

图 10-1　使用 CSS 前

图 10-2　使用 CSS 后

10.1.2　使用 CSS 的好处

掌握基于 CSS 的网页布局方式，是实现 Web 标准的基础。在制作网页时采用 CSS 技术，可以有效地对页面的布局、字体、颜色、背景和其他效果实现更加精确的控制。只要对相应的代码做一些简单的修改，就可以改变网页的外观和格式。采用 CSS 有以下好处。

- 大大缩减页面代码，提高页面浏览速度，缩减带宽成本。
- 结构清晰，容易被搜索引擎搜索到。用只包含结构化内容的 HTML 代替嵌套的标签，搜索引擎将更有效地搜索到内容。
- 缩短改版时间。只要简单地修改几个 CSS 文件就可以重新设计一个有成百上千页面的站点。
- 强大的字体控制和排版能力。使页面的字体变得更漂亮，更容易编排，使页面真正赏心悦目。
- 提高易用性。使用 CSS 可以结构化 HTML，如<p>标签只用来控制段落，<h1>～<h6>标签只用来控制标题，<table>标签只用来表现格式化的数据等。
- 表现和内容相分离。将设计部分分离出来放在一个独立样式文件中。
- <table>布局灵活性不大，只能遵循<table><tr><td>的格式，而<div>可以有各种格式。
- <table>布局中，垃圾代码会很多，一些修饰的样式及布局的代码混合在一起，很不直观，而<div>更能体现样式和结构相分离，结构的重构性强。

- 以前一些必须通过图片转换实现的功能，现在只要用 CSS 就可以轻松实现，从而更快地下载页面。
- 可以将许多网页的风格格式同时更新，不用再一页一页地更新了。可以将站点上所有的网页风格都使用一个 CSS 文件进行控制，只要修改这个 CSS 文件中相应的行，那么整个站点的所有页面都会随之发生变动。

10.1.3　如何编写 CSS

CSS 的文件与 HTML 文件一样，都是纯文本文件，因此一般的文字处理软件都可以对 CSS 进行编辑。记事本和 UltraEdit 等最常用的文本编辑工具对 CSS 的初学者都很有帮助。

Dreamweaver 这款专业的网页设计软件在代码模式下对 HMTL、CSS 和 JavaScript 等代码有着非常好的语法着色以及语法提示功能，对 CSS 的学习很有帮助。

在 Dreamweaver 编辑器中，对于 CSS 代码，在默认情况下都采用粉红色进行语法着色，而 HTML 代码中的标记则是蓝色，正文内容在默认情况下为黑色。而且对于每行代码，前面都有行号进行标记，方便对代码的整体规划。

无论是 CSS 代码还是 HTML 代码，都有很好的语法提示。在编写具体的 CSS 代码时，按回车键或空格键都可以触发语法提示。例如，当光标移动到 "color :#000000;" 一句的末尾时，按空格键或者回车键，都可以触发语法提示功能。如图 10-3 所示，Dreamweaver 会列出所有可以供选择的 CSS 样式属性，方便设计者快速进行选择，从而提高工作效率。

当已经选定某个 CSS 样式，例如上例中的 color 样式，在其冒号后面再按空格键时，Dreamweaver 会弹出新的详细提示框，让用户对相应的 CSS 值进行直接选择，如图 10-4 所示调色板就是其中的一种情况。

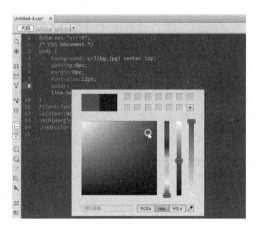

图 10-3　代码提示　　　　　　　　　　　图 10-4　调色板

10.1.4　CSS 的基本语法

CSS 的语法结构仅由 3 部分组成，分别为选择符、样式属性和值，基本语法如下。

选择符{样式属性：取值；样式属性：取值；样式属性：取值；… }

语法说明：

- 选择符(selector)指这组样式编码所要针对的对象，可以是一个 XHTML 标签，如 \<body>\<hl>；也可以是定义了特定 id 或 class 的标签，如＃main 选择符表示选择 \<div id=main>，即一个被指定了 id 为 "main" 的对象。浏览器将对 CSS 选择符进行严格的解析，每一组样式均会被浏览器应用到对应的对象上。
- 属性(property)是 CSS 样式控制的核心，对于每一个 XHTML 中的标签，CSS 都提供了丰富的样式属性，如颜色、大小、定位和浮动方式等。
- 值(value)是指属性的值，形式有两种，一种是指定范围的值，如 float 属性，只可以有 left、right 和 none 3 种值；另一种为数值，如 width 能够取值 0～9999，或通过其他数学单位来指定。

在实际应用中，往往使用以下类似的应用形式：

```
body {background-color: blue}
```

表示选择符为 body，即选择了页面中的\<body>标签，属性为 background-color，这个属性用于控制对象的背景色，而值为 blue。页面中的 body 对象的背景色通过使用这组 CSS 编码，被定义为蓝色。

10.1.5　浏览器与 CSS

浏览器各式各样，绝大多数浏览器对 CSS 都有很好的支持，因此设计者往往不用担心其设计的 CSS 文件不被用户所支持。但目前主要的问题在于，各个浏览器之间对 CSS 很多细节的处理存在差异，设计者在一种浏览器上设计的 CSS 效果，在其他浏览器上的显示效果很可能不一样。就目前主流的浏览器 IE 与 Firefox 等而言，在某些细节的处理上就不尽相同。对 IE 本身而言，IE 6 与发布不久的 IE 7，对相同页面的浏览效果都存在一些差异。

使用 CSS 制作网页，一个基本的要求就是主流的浏览器之间的显示效果要基本一致。通常的做法是一边编写 HTML 和 CSS 代码，一边在不同的浏览器上进行预览，及时调整各个细节，这对深入掌握 CSS 也是很有好处的。

另外 Dreamweaver 的视图模式只能作为设计时的参考来使用，绝对不能作为最终显示效果的依据，只有浏览器中的效果才是大家所看到的。

10.2　基本 CSS 选择器

选择器是 CSS 中很重要的概念，所有 HTML 语言中的标签都是通过不同的 CSS 选择器进行控制的。用户只需要通过不同的选择器对 HTML 标签进行控制，并赋予各种样式声明，即可实现各种效果。在 CSS 中，有各种不同类型的选择器，基本的选择器有标签选择器、class 选择器和 ID 选择器 3 种，下面详细进行介绍。

10.2.1 标签选择器

一个完整的 HTML 页面是由很多不同的标签组成的。标签选择器是直接将 HTML 标签作为选择器，可以是<p><h1><dl><strong>等 HTML 标签。例如<P>选择器，下面就是用于声明页面中所有<p>标签的样式风格。

```
p{
font-size:14px;
color:#093;
}
```

以上这段代码声明了页面中所有的<p>标签，文字大小均是 14px，颜色为#093(绿色)，这在后期维护中，如果想改变整个网站中<p>标签文字的颜色，只需要修改 color 属性就可以了，就这么容易！

每一个 CSS 选择器都包含了选择器本身、属性和值，其中属性和值可以设置多个，从而实现对同一个标签声明多种样式风格，如图 10-5 所示。

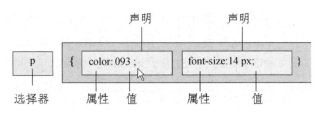

图 10-5 CSS 标签选择器

10.2.2 class 选择器

标签选择器一旦声明，则页面中所有的该标签都会相应地产生变化，如声明了<p>标签为红色时,则页面中所有的<p>标签都将显示为红色,如果希望其中的某一个标签不是红色,而是蓝色,则仅依靠标签选择器是远远不够的,所以还需要引入类(class)选择器。定义 class 选择器时，在自定义类的名称前面要加一个"."号。

class 选择器的名称可以由用户自定义，属性和值跟标签选择器一样，也必须符合 CSS 规范，如图 10-6 所示。

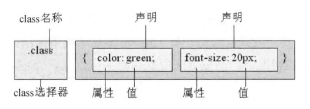

图 10-6 CSS 类别选择器

例如，当页面同时出现 3 个<p>标签时，如果想让它们的颜色各不相同，就可以通过设置不同的 class 选择器来实现。一个完整的案例如下所示。

```
<!doctype html>
<html>
<head>
<meta charset="utf-8">
<title>class 选择器</title>
<style type="text/css">
.red{ color:red; font-size:110px;}
.green{ color:green; font-size:20px;}
</style>
</head>
<body>
<p class="red">选择器 1</p>
<p class="green">选择器 2</p>
<h3 class="green">同样适用</h3>
</body>
</html>
```

其显示效果如图 10-7 所示。从图中可以看到两个<p>标签分别呈现出了不同的颜色和字体大小，而且任何一个 class 选择器都适用于所有 HTML 标签，只需要用 HTML 标签的 class 属性声明即可，例如<h3>标签同样适用于.green 这个类别。

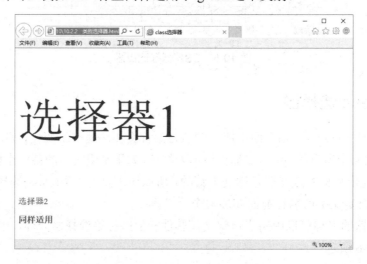

图 10-7　class 选择器实例

仔细观察图 10-7 还会发现，最后一行 <h3>标签显示效果为粗体字，这是因为在没有定义字体的粗细属性的情况下，浏览器采用默认的显示方式，<p>默认为正常粗细，<h3>默认为粗字体。

10.2.3　ID 选择器

ID 选择器的使用方法跟 class 选择器基本相同，不同之处在于 ID 选择器只能在 HTML

页面中使用一次，因此其针对性更强。在 HTML 的标签中只需要利用 ID 属性，就可以直接调用 CSS 中的 ID 选择器，其格式如图 10-18 所示。

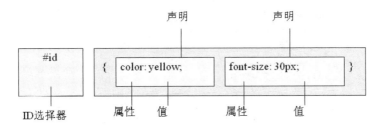

图 10-8　ID 选择器

实例代码：

```
<!doctype html>
<html>
<head>
<meta charset="utf-8">
<title>ID 选择器</title>
<style type="text/css">
<!--
#one{
    font-weight:bold;          /* 粗体 */
}
#two{
    font-size:30px;            /* 字体大小 */
    color: #A700A6;            /* 颜色 */
}
-->
</style>
  </head>

<body>
    <p id="one">ID 选择器 1</p>
    <p id="two">ID 选择器 2</p>
    <p id="two">ID 选择器 3</p>
    <p id="one two">ID 选择器 3</p>
</body>
</html>
```

显示效果如图 10-9 所示，第 2 行与第 3 行显示相同的 CSS 方案。可以看出，在很多浏览器中，ID 选择器可以用于多个标签，即每个标签定义的 id 不只是 CSS 可调用，JavaScript 等其他脚本语言同样也可以调用，因为这个特性，所以不要将 ID 选择器用于多个标签，否则会出现意想不到的错误。如果一个 HTML 中有两个相同的 id 标签，那么将会导致 JavaScript 在查找 id 时出错，例如函数 getElementById()。

图 10-9 ID 选择器实例

正因为 JavaScript 等脚本语言也能调用 HTML 中设置的 id，所以 ID 选择器一直被广泛地使用。网站设计者在编写 CSS 代码时，应养成良好的编写习惯，一个 id 最多只能赋予一个 HTML 标签。

另外从图 10-9 可以看到，最后一行没有任何 CSS 样式风格显示，这意味着 ID 选择器不支持像 class 选择器那样的多风格同时使用，类似 id="one two"这样的写法是完全错误的语法。

10.3 在 HTML 中使用 CSS

在 HTML 网页中添加 CSS 有 4 种方法：链接方式、行内方式、导入方式和内嵌方式，下面分别介绍。

10.3.1 链接外部样式表

链接方式就是在网页中调用已经定义好的样式表来实现样式表的应用，它是一个单独的文件，然后在页面中用<link>标签链接到这个样式表文件，这个<link>标签必须放到页面的<head>标签内。这种方法最适合大型网站的 CSS 样式定义。

基本语法：

```
<link type="text/css" rel="stylesheet"  href="外部样式表的文件名称">
```

语法说明：

(1) 链接外部样式表时，不需要使用 style 元素，只需直接用<link>标签放在<head>标签中就可以了。

(2) 同样，外部样式表的文件名称是要嵌入的样式表文件名称，后缀为.css。

(3) CSS 文件一定是纯文本格式。

(4) 在修改外部样式表时，引用它的所有外部页面也会自动更新。

(5) 外部样式表中的 URL 为相对于样式表文件在服务器上的位置。

(6)　外部样式表优先级低于内部样式表。

(7)　可以同时链接几个样式表，靠后的样式表优先于靠前的样式表。

一个外联样式表文件可以应用于多个页面。当改变这个样式表文件时，所有应用该样式的页面都随之改变。在制作大量相同样式页面的网站时，外联样式表非常有用，不仅减少了重复的工作量，而且有利于以后的修改、编辑，浏览时也减少了重复下载代码。

10.3.2　行内方式

行内方式是混合在 HTML 标签里使用的，用这种方法，可以对某个元素很简单地单独定义样式。行内方式的使用是直接在 HTML 标签里添加 style 参数，而 style 参数的内容就是 CSS 的属性和值，在 style 参数后面引号里的内容相当于在样式表大括号里的内容。

基本语法：

```
<标签 style="样式属性：属性值;样式属性：属性值…">
```

语法说明：

(1)　标签：HTML 标签，如<body><table><p>等。

(2)　标签的 style 定义只能影响标签本身。

(3)　style 的多个属性之间用分号分隔。

(4)　标签本身定义的 style 优先于其他所有样式定义。

虽然这种方法使用比较简单，显示直观，但在制作页面的时候需要为很多的标签设置 style 属性，所以会导致 HTML 页面不够纯净，文件体积过大，不利于搜索蜘蛛爬行，从而导致后期维护成本高。

10.3.3　嵌入外部样式表

嵌入外部样式表就是在 HTML 代码的主体中直接导入样式表的方法。

基本语法：

```
<style type=text/css>
@import url("外部样式表的文件名称");
</style>
```

语法说明：

(1)　import 语句后的“;”一定要加上！

(2)　外部样式表的文件名称是要嵌入的样式表文件名称，后缀为.css。

(3)　@import 应该放在 style 元素的任何其他样式规则前面。

10.3.4　定义内部样式表

内部样式表允许在它们所应用的 HTML 文档的顶部设置样式，然后在整个 HTML 文件中直接调用使用该样式的标签。

基本语法：

```
<style type="text/css">
<!--
选择符 1(样式属性：属性值;样式属性：属性值;…)
选择符 2(样式属性：属性值;样式属性：属性值;…)
选择符 3(样式属性：属性值;样式属性：属性值;…)
…
选择符 n(样式属性：属性值;样式属性：属性值;…)
-->
```

语法说明：

(1) <style>标签是用来说明所要定义的样式，type 属性是指 style 标签以 CSS 的语法定义。

(2) <!-- -->隐藏标签：避免了因浏览器不支持 CSS 而导致错误，加上这些标签后，不支持 CSS 的浏览器，会自动跳过此段内容，避免一些错误。

(3) 选择符 1…选择符 n：选择符可以使用 HTML 标签的名称，所有的 HTML 标签都可以作为选择符。

(4) 样式属性主要是显示选择符格式化风格的。

(5) 属性值设置对应属性的值。

本 章 小 结

CSS 是为了简化 Web 页面的更新工作而诞生的，它使网页变得更加美观，维护更加方便。CSS 在网页制作中起着非常重要的作用，对于控制网页中对象的属性、增加页面中内容的样式、精确地布局定位等都发挥了非常重要的作用，是网页设计师必须熟练掌握的内容之一。网页的设计与布局好与不好，CSS 的学习很重要，深信自己坚持每天多学一点，可以学好 CSS。本章主要介绍了为什么在网页中加入 CSS、基本的 CSS 选择器、在 HTML 中使用 CSS、设置 CSS 属性等 CSS 基础知识。

练 习 题

1. 填空题

(1) _____是 CSS 样式控制的核心，对于每一个 XHTML 中的标签，CSS 都提供了丰富的样式属性，如颜色、大小、定位和浮动方式等。

(2) 选择器(selector)是 CSS 中很重要的概念，所有 HTML 语言中的标签都是通过不同的 CSS 选择器进行控制的。在 CSS 中，有各种不同类型的选择器，基本选择器有_____、_____和_____ 3 种。

2. 操作题

给网页添加 CSS，使用 CSS 设置文本字体为宋体、文本颜色为黑色，文字大小为 12px，如图 10-10 所示。

图 10-10 给网页添加 CSS

第 11 章　用 CSS 设计丰富的文字效果

【学习目标】

　　浏览网页时，获取信息最直接、最直观的方式就是通过文本。文本是基本的信息载体，不管网页内容如何丰富，文本自始至终都是网页中最基本的元素，因此掌握好文本和段落的使用，对于网页制作来说是最基本的要求。在网页中添加文字并不难，可主要问题是如何编排这些文字以及控制这些文字的显示方式，让文字看上去编排有序、整齐美观。本章主要讲述使用 CSS 设计丰富的文字特效，以及使用 CSS 排版文本。

　　本章主要内容包括：

(1)　设计网页中的文字样式；

(2)　设计文本的段落样式；

(3)　CSS 滤镜设计特效文字。

11.1　设计网页中的文字样式

　　使用 CSS 样式表可以定义丰富多彩的文字格式。文字的属性主要有字体、字号、加粗与斜体等。如图 11-1 所示的网页中应用了多种样式的文字，在颜色、大小以及形式上富于变化，但同时也保持了页面的整洁与美观，给人以美的享受。

图 11-1　采用 CSS 定义网页文字

11.1.1　字体

font-family 属性用来定义相关元素使用的字体。

基本语法：

```
font-family: "字体 1","字体 2",…
```

语法说明：

font-family 属性中指定的字体要受到用户环境的影响。打开网页时，浏览器会先从用户计算机中寻找 font-family 中的第一个字体，如果计算机中没有这个字体，会向右继续寻找第二个字体，依次类推。如果浏览页面的用户在浏览环境中没有设置相关的字体，则定义的字体将失去作用。

下面通过实例讲述 font-family 属性的使用，其代码如下所示。

实例代码：

```
<!doctype html>
<html>
<head>
<meta charset="utf-8">
<title>无标题文档</title>
<style type="text/css">
<!--
.font {
    font-family: 宋体;
}
-->
</style>
</head>
<body>
<div class="font">
  <ul>
    <li>设置字体</li>
  </ul>
</div>
</body>
</html>
```

这里使用"font-family: 宋体"，在浏览器中浏览效果如图 11-2 所示。

注意，在实际应用中，由于大部分中文操作系统的计算机中并没有安装很多字体，因此建议在设置中文字体属性时，不要选择特殊字体，应选择宋体或黑体。否则当浏览者的计算机中没有安装该字体时，显示会不正常，如果需要安装装饰性的字体，可以使用图片来代替纯文本的显示。

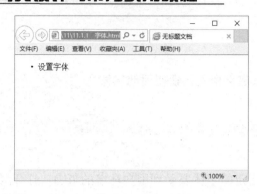

图 11-2   font-family 定义字体

11.1.2   字号

font-size 属性用来定义字体的大小。

基本语法：

```
font-size:大小的取值;
```

语法说明：

font-size 属性的值可以有多种指定方式，绝对尺寸、相对尺寸、长度、百分比值都可以用来定义。

实例代码：

```
<!doctype html>
<html>
<head>
<meta charset="utf-8">
<style type="text/css">
<!--
.font {
    font-family: Arial, Helvetica, sans-serif;
font-size: 60pt;
}
-->
</style>
<title>无标题文档</title>
</head>
<body class="font">
设置字号大小
</body>
</html>
```

上面的实例代码使用 font-size: 60pt 设置字号为 60pt，在浏览器中浏览文字效果如图 11-3 所示。

图 11-3　设置字号后的效果

11.1.3　加粗

在 CSS 中利用 font-weight 属性来设置字体的粗细。

基本语法：

```
font-weight:字体粗细值;
```

语法说明：

font-weight 的取值范围包括 normal、bold、bolder、lighter、number。其中 normal 表示正常粗细；bold 表示粗体；bolder 表示特粗体；lighter 表示特细体；number 不是真正的取值，其范围是 110～1100，一般情况下都取整百的数字，如 200、300 等。

实例代码：

```
<!doctype html>
<html>
<head>
<meta charset="utf-8">
<title>无标题文档</title>
<style type="text/css">
p.normal {font-weight: normal}
p.thick {font-weight: bold}
p.thicker {font-weight: 900}
</style>
</head>
<body>
<p class="normal">设置字体粗细</p>
<p class="thick"><span class="normal">设置字体粗细</span></p>
<p class="thicker"><span class="normal">设置字体粗细</span></p>
</body>
</html>
```

这里使用 font-weight 设置了字体的不同粗细效果，如图 11-4 所示。

图 11-4　设置字体粗细

11.1.4　样式

font-style 属性用来设置字体是否为斜体。

基本语法：

```
font-style:样式的取值；
```

语法说明：

font-style 属性定义字体的风格。该属性设置使用斜体、倾斜或正常字体。斜体字体通常被定义为字体系列中的一个单独的字体。理论上，用户便可以根据正常字体计算一个斜体字体。

实例代码：

```
<!doctype html>
<html>
<head>
<meta charset="utf-8">
<style type="text/css">
<!--
.font {
    font-family: Arial, Helvetica, sans-serif;font-size: 24pt;
    font-style: italic; font-weight: bold;
    }
-->
</style>
<title>无标题文档</title>
</head>
<body class="font">
设置字体样式
</body>
</html>
```

加粗的代码表示使用 font-style: italic 设置字体为斜体，在浏览器中浏览效果如图 11-5 所示。

图 11-5　设置字体样式

11.1.5　变体属性

使用 font-variant 属性可以将小写的英文字母转变为大写，而且在大写的同时，能够让字母大小保持与小写时一样的尺寸高度。

基本语法：

```
font-variant:变体属性值;
```

语法说明：

font-variant 属性值见表 11-1。

表 11-1　font-variant 属性

属 性 值	描　　述
normal	正常值
small-caps	将小写英文字体转换为大写英文字体

实例代码：

```
<!doctype html>
<html>
<head>
<meta charset="utf-8">
<style type="text/css">
<!--.font {
    font-family: Arial, Helvetica, sans-serif;
    font-size: 50pt;font-style: italic;font-weight: bold;
    font-variant: small-caps;
}-->
</style>
```

```
<title>无标题文档</title>
</head>
<body class="font">
dreamweaver
</body>
</html>
```

使用 font-variant: small-caps 设置英文字母全部大写，而且在大写的同时，能够让字母大小保持与小写时一样的尺寸高度。在浏览器中浏览效果如图 11-6 所示。

图 11-6　将小写英文字体转变为大写英文字体

11.1.6　文字修饰

使用 text-decoration 属性可以对文本进行修饰，如设置下划线、删除线等。

基本语法：

```
text-decoration:取值;
```

语法说明：

text-decoration 属性值见表 11-2。

表 11-2　text-decoration 属性

属 性 值	描 述
none	默认值
underline	对文字添加下划线
overline	对文字添加上划线
line-through	对文字添加删除线
blink	闪烁文字效果

实例代码：

```
<style type="text/css">
<!--
```

```
.font {
    font-family: Arial, Helvetica, sans-serif;
    font-size: 24pt;font-style: italic;font-weight: bold;  font-variant:
small-caps;
    text-decoration: underline;
}
-->
</style>
```

加粗代码 text-decoration: underline 表示设置文字带有下划线，在浏览器中浏览效果如图 11-7 所示。

图 11-7　设置下划线效果

11.2　设计文本的段落样式

文本的段落样式定义整段的文本特性。在 CSS 中，主要包括单词间距、字母间距、垂直对齐、文本对齐、文字缩进和行高等。

11.2.1　行高

line-height 属性可以设置对象的行高，行高值可以为长度、倍数和百分比。

基本语法：

```
line-height:行高值;
```

语法说明：

该属性会影响行框的布局。在应用到一个块级元素时，它定义了该元素中基线之间的最小距离而不是最大距离。

提示：　line-height 与 font-size 的计算值之差(在 CSS 中成为"行间距")分为两半，分别加到一个文本行内容的顶部和底部。可以包含这些内容的最小框就是行框。

实例代码：

```
<!doctype html>
<html>
<head>
<meta charset="utf-8">
<title>无标题文档</title>
<style type="text/css">
p.small {line-height: 100%}
p.big {line-height: 200%}
</style>
</head>
<body>
<p class="small">
这个段落拥有更小的行高。这个段落拥有更小的行高。这个段落拥有更小的行高。
这个段落拥有更小的行高。这个段落拥有更小的行高。这个段落拥有更小的行高。
这个段落拥有更小的行高。</p>
<p class="big">
这个段落拥有更大的行高。这个段落拥有更大的行高。这个段落拥有更大的行高。
这个段落拥有更大的行高。这个段落拥有更大的行高。这个段落拥有更大的行高。
这个段落拥有更大的行高。
</p>
</body>
</html>
```

本实例前几行使用 line-height: 100%设置行高为正常行高，后几行使用 line-height: 200%设置行高为正常行高的 2 倍，在浏览器中浏览效果如图 11-8 所示。

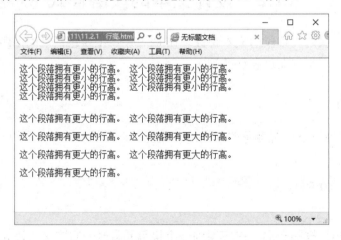

图 11-8　设置行高效果

11.2.2　对齐

text-align 用于设置文本的水平对齐方式。

基本语法：

```
text-align:排列值;
```

语法说明：

水平对齐方式取值包括 left、right、center 和 justify，共 4 种对齐方式。

left：左对齐。

right：右对齐。

center：居中对齐。

justify：两端对齐。

实例代码：

```
<!doctype html>
<html>
<head>
<meta charset="utf-8">
<title>无标题文档</title>
<style type="text/css">
h1 {text-align: center}
h2 {text-align: left}
h3 {text-align: right}
</style>
</head>
<body>
<h1>标题 1(居中对齐)</h1>
<h2>标题 2(左对齐)</h2>
<h3>标题 3(右对齐)</h3>
</body>
</html>
```

本实例运用 text-align 设置标题居中对齐、左对齐和右对齐，在浏览器中浏览效果如图 11-9 所示。

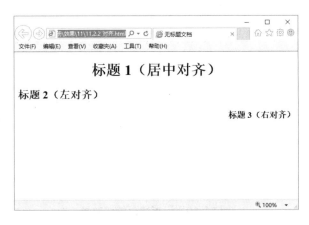

图 11-9　设置对齐方式效果

11.2.3 缩进

在 HTML 中只能控制段落的整体向右缩进，如果不进行设置，浏览器则默认为不缩进，而在 CSS 中可以控制段落的首行缩进以及缩进的距离。

基本语法：

```
text-indent:缩进值;
```

语法说明：

文本的缩进值必须是长度值或百分比。

实例代码：

```
<!doctype html>
<html>
<head>
<meta charset="utf-8">
<title>无标题文档</title>
<style type="text/css">
p {text-indent: 1cm}
</style>
</head>
<body>
<p>
生命的奖赏远在旅途的终点，而非起点附近。我不知道要走多少步才能达到目标，迈出一千步时，仍然可能遭到失败。但成功就藏在拐角的后面，除非拐了弯，我永远不知道有多远。再前进一步，如果没有用，再向前一步，事实上，每次前进一点点并不难。</p>
</body>
</html>
```

本实例运用 text-indent 设置段落首行缩进为 1cm，在浏览器中浏览效果如图 11-10 所示。

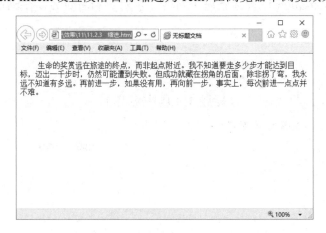

图 11-10　设置段落缩进效果

11.2.4　单词间距

word-spacing 可以设置英文单词之间的距离。

基本语法：

```
word-spacing:取值;
```

语法说明：

可以使用 normal，也可以使用长度值。normal 指正常的间隔，是默认选项；长度值是设置单词间隔的数值及单位，可以使用负值。

实例代码：

```
<!doctype html>
<html>
<head>
<meta charset="utf-8">
<title>无标题文档</title>
<style type="text/css">
p.spread {word-spacing: 30px;}
p.tight {word-spacing: -0.5em;}
</style>
</head>
<body>
<p class="spread">Good morning everyone</p>
<p class="tight">Good morning everyone</p>
</body>
</html>
```

本实例运用 word-spacing 设置单词之间的距离，第 1 行间距设置为 30px，第 2 行间距设置为-0.5em，在浏览器中浏览效果如图 11-11 所示。

图 11-11　设置单词间距效果

11.2.5 首字下沉

一些网站的一段文字开头的字母都很大，看上去挺特别，这叫首字下沉效果，用 CSS 的 first-letter 可以实现相似的功能。

基本语法：

```
first-letter
```

语法说明：

first-letter 选择器用来指定元素第一个字母的样式。

实例代码：

```
<!doctype html>
<html>
<head>
<meta charset="utf-8">
<title>无标题文档</title>
<style>
p:first-letter
{font-size:200%;color: #B5080B;}
</style>
</head>
<body>
<p>Hello,everyone</p>
</body>
</html>
```

本实例应用 first-letter 设置<p>标签里的文字的首字母，并为其设置样式。如图 11-12 所示是网页应用首字下沉后的效果。

图 11-12　首字下沉后的效果

11.2.6 大小写转换

text-transform 用来转换英文字母的大小写。

基本语法：

`text-transform:转换值`

语法说明：

text-transform 包括以下取值：

none：表示使用原始值；

lowercase：表示使每个单词的第一个字母大写；

uppercase：表示使每个单词的所有字母大写；

capitalize：表示使每个字的所有字母小写。

实例代码：

```
<!doctype html>
<html>
<head>
<meta charset="utf-8">
<title>无标题文档</title>
<style type="text/css">
 p{text-transform: uppercase}
 </style>
</head>
<body>
<p>Good evening</p>
</body>
</html>
```

本实例应用 text-transform 设置每个字母都转换为大写，如图 11-13 所示。

图 11-13　转换为大写字母的效果

11.3　综合实例——用 CSS 排版网页文字

文本的控制与布局在网页设计中占了很大比例，也可以说文本与段落是最重要的组成部分。下面通过实例讲述利用 CSS 排版网页文字。

(1) 启动 Dreamweaver CC，打开网页文档，如图 11-14 所示。

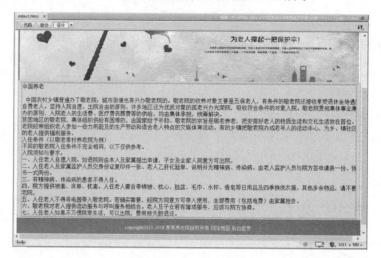

图 11-14 网页文档

(2) 切换到拆分视图，在文字的前面输入以下代码，设置文字的字体、大小、颜色，如图 11-15 所示。

```
<font color="#FC2729" face="新宋体" size="3">
```

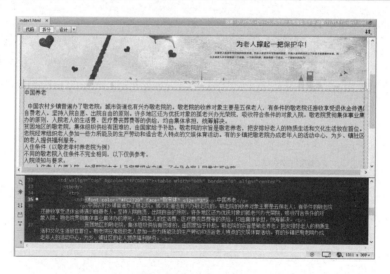

图 11-15 输入代码

(3) 在文字的最后面输入</font>，如图 11-16 所示。

(4) 在第一段文字"中国养老"的前面输入代码<h1>，后面输入</h1>，设置文本的标题，如图 11-17 所示。

(5) 在段落文字前面的<p>中输入以下的代码，设置文本的段落行高，如图 11-18 所示。

```
<p style="line-height:150%">
```

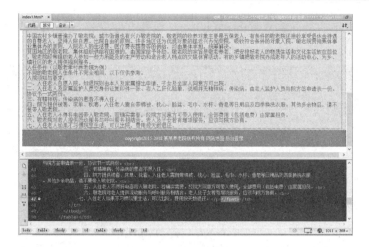

图 11-16　输入代码

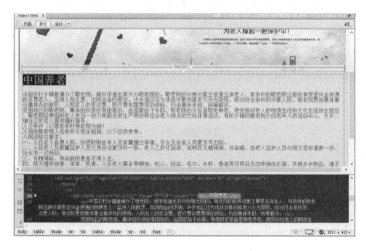

图 11-17　设置标题

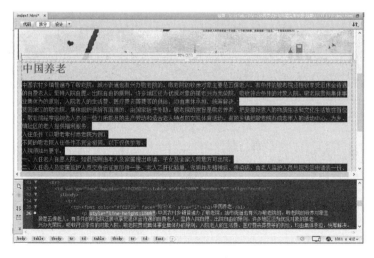

图 11-18　设置段落行高

(6) 在每段文字的前面输入   ，设置文字空格，如图 11-19 所示。

图 11-19　设置文字空格

(7) 将光标置于文字下边，在代码视图中输入如下代码，插入水平线，如图 11-20 所示。

```
<hr size="3" width="1002" align="center" color="#D1CA03">
```

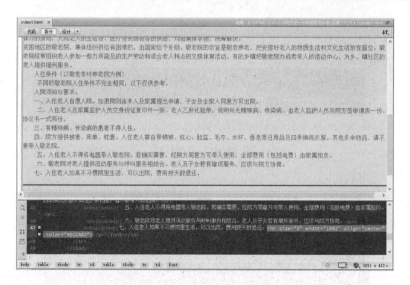

图 11-20　输入代码插入水平线

(8) 保存网页，在浏览器中预览效果，可以看到如图 11-21 所示的效果。

图 11-21　预览效果

本 章 小 结

本章主要介绍了文本相关的 HTML 标签和属性，并简要地介绍了使用 Dreamweaver 辅助设置文本的方法和技巧，以及用 Dreamweaver 提高代码编写效率的方法。读者需要理解的是本章所讲的通过设置 HTML 属性来确定文本的特定样式，如文本颜色、对齐方式等。

练 习 题

1. 填空题

(1) _____属性的值可以有多种指定方式，绝对尺寸、相对尺寸、长度、百分比值都可以用来定义。

(2) font-weight 的取值范围包括 normal、bold、bolder、lighter、number。其中 normal 表示正常粗细; bold 表示_____; bolder 表示特粗体; lighter 表示特_____; number 不是真正的取值，其范围是 110～1100，一般情况下都是整百的数字，如 200、300 等。

(3) _____属性定义字体的风格。该属性设置使用斜体、倾斜或正常字体。

2. 操作题

给网页添加 CSS，使用 CSS 设置文本字体样式，如图 11-22 所示。

图 11-22　给网页添加 CSS

第 12 章　用 CSS 设计图像和背景

【学习目标】

图像是网页中最重要的元素之一，图像不但能美化网页，而且与文本相比能够更直观地说明问题。美观的网页是图文并茂的，一幅幅图像和一个个漂亮的按钮，不但使网页更加美观、生动，而且使网页中的内容更加丰富。可见，图像在网页中的作用是非常重要的。图片本身有很多属性可以直接在 HTML 中进行调整，但是通过 CSS 统一管理，不但可以更加精确地调整图片的各种属性，还可以实现很多特殊的效果。本章主要介绍 CSS 设置图像和背景图片的方法。

本章主要内容包括：

(1)　熟悉设置网页的背景；

(2)　熟悉设置背景图像的属性；

(3)　掌握设置网页图像的样式。

12.1　设置网页的背景

背景属性是网页设计中应用非常广泛的一种技术。通过背景颜色或背景图像，能给网页带来丰富的视觉效果。HTML 的各种元素基本上都是支持 background 属性。

12.1.1　背景颜色：background-color

在 HTML 中，利用<body>标签中的 bgcolor 属性可以设置网页的背景颜色，而在 CSS 中使用 background-color 属性不但可以设置网页的背景颜色，还可以设置文字的背景颜色。

基本语法：

```
background-color:颜色取值;
```

语法说明：

背景颜色用于设置对象的背景颜色。背景颜色的默认值是透明色，大多数情况下可以不用此方法进行设置。background-color 属性可以用于各种网页元素。

实例代码：

```
<!doctype html>
<html>
<head>
<meta charset="utf-8">
<style>
```

```
.table {
    background-color: #66FF66;}
</style>
<title>无标题文档</title>
</head>
<body>
<table width="550" border="0">
  <tbody>
    <tr>
    <td  class="table">生活如海水，就在你面前，却深不可测。与其面朝大海，等待春暖花开，
莫如握一束阳光的暖，从容而行，不喜不悲。没有哪棵树的成长，不需要经历风霜。人生就是这样，
经历了无数磨难，也许就会豁然开朗。给自己一个最好的心情，去享受人生路上的风景，松意百愁
随风去，放容一笑胜千金。</td>
    </tr>
  </tbody>
</table>
</body>
</html>
```

实例中加粗的代码 background-color:#66FF66 定义表格的背景颜色为绿色，在浏览器中预览效果如图 12-1 所示。

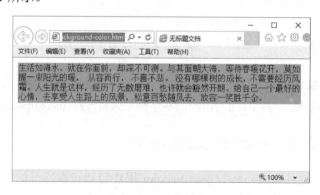

图 12-1 背景颜色效果

12.1.2 背景图像：background-image

背景不仅可以设置为某种颜色，CSS 中还可以用图像作为网页元素的背景，而且用途极为广泛。使用 background-image 属性可以设置元素的背景图像。

基本语法：

```
background-image:url(图像地址)
```

图像地址可以是绝对地址，也可以是相对地址。使用"CSS 规则定义"对话框的"背景"类别中的"background-image"可以定义 CSS 样式的背景图像。也可以对 Web 页面中的任何元素应用背景属性。

实例代码：

```
<!doctype html>
<html>
<head>
<meta charset="utf-8">
<style>
.table {
background-image: url(1.jpg);}
</style>
<title>无标题文档</title>
</head>
<body>
<table width="950" border="0">
  <tbody>
    <tr>
    <td class="table"><p>小道清幽宁静，我的思绪在过往与现实间徘徊，就这般静静地走着
吧，谁会知道前方的风景如何呢？蓦然之间，一棵树身刻字的沧桑老树映入眼帘，此心不由一阵悸动。
在那青春岁月里，那些曾一起铭刻于树身的誓言，而今是随岁月斑驳而落，留下了难以愈合的伤痕，
于寒风间无助悲歌呢，还是依旧至死不渝，仍在为彼此的约定而相伴不弃呢？秋风凌乱了多少的痴妄，
终究是看那人的故事，活着自己的落寞。清宁岁月匆促而过，却终究是带不去太多的往事。</p>
    <p>岁月筑篱，遥望过往。那些青葱岁月都已悄然而过，留下了眷恋与萦绕心间的不舍，带去了身
畔熟悉的身影与欢歌笑语。任青春之弦，深情颂歌，歌唱那些难以忘怀的苦涩泪水，歌唱那些曾有
的欢乐每一刻，歌唱那些青涩的情愫荡起心湖的涟漪。我愿虔诚地祝福一路相伴的每一个人，愿过
往之事于心间永存，愿相伴之人不因时间与距离而改变！</p>
    </td>
  </tr>
  </tbody>
</table>
</body>
</html>
```

本实例加粗代码使用 background-image: url(1.jpg);定义了背景图像，在浏览器中预览如
图 12-2 所示。

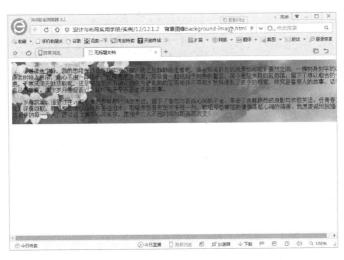

图 12-2　背景图像效果

201

12.2 设置背景图像的属性

利用 CSS 可以精确地控制背景图像的各项设置。可以决定是否铺平及如何铺平，背景图像应该滚动还是保持固定，以及将其放在什么位置。

12.2.1 设置背景重复：background-repeat

使用 background-repeat 属性设置是否及如何重复背景图像。图像的重复方式共有 4 种平铺选项，分别是不重复、重复、横向重复、纵向重复。

基本语法：

```
background-repeat: no-repeat | repeat| repeat-x| repeat-y;
```

语法说明：

background-repeat 的属性值见表 12-1。

表 12-1 background-repeat 的属性值

属 性 值	描　述
no-repeat	背景图像不重复，仅显示一次
repeat	默认。背景图像将在垂直方向和水平方向重复
repeat-x	背景图像只在水平方向上重复
repeat-y	背景图像只在垂直方向上重复

实例代码：

其 CSS 代码如下，使用 background-repeat: repeat-y 定义背景图像在垂直方向重复。

```
<!doctype html>
<html>
<head>
<meta charset="utf-8">
<style>
.wu {
    background-image: url(2.jpg);  background-repeat: repeat-y;
}
</style>
<title>无标题文档</title>
</head>
<body>
<table width="650" border="0">
  <tbody>
    <tr>
    <td class="wu"><p>总有这样的心境，就像走进有山有水的地方，远离喧嚣、远
离那些尘土的飞扬。心安静在山水间，无喜无忧也无烦恼，尽情享受在自然的怀抱，尽情把心情释
```

放。隐隐的疼痛渐渐化去，浓浓的相思渐渐随着白云而淡散在远方。心终归是寂寞的，哪怕置身于热闹。灵魂终究是孤独的，哪怕进入天堂。一个人的伤，终要时间疗。一个人的痛，终需栽进生命里面一些阳光。只要有笑声的地方就会减却烦恼，只要充满阳光的地方，温暖就会在生命里荡漾。</p>

```
        <p> </p>
        <p> </p>
        <p> </p>
      </td>
    </tr>
  </tbody>
</table>
</body>
</html>
```

在网站中，带背景图像的网页是最常见的，使用背景图像可以美化网页效果，如图 12-3 所示。

图 12-3　背景图像

12.2.2　设置固定背景：background-attachment

在网页中，背景图像通常会随网页的滚动而一起滚动。利用 CSS 的固定背景属性，可以建立不滚动的背景图像，页面滚动时，背景图像可以保持固定。固定背景属性一般都是用于整个网页的背景图像，即<body>标签内容设定的背景图像。

基本语法：

```
background-attachment: scroll | fixed;
```

语法说明：

background-attachment 的属性值见表 12-2。

表 12-2　background-attachment 参数的属性

属 性 值	描　述
scroll	背景图像随对象内容滚动
fixed	背景图像固定

实例代码：

```
<style>
.wu {
    background-image: url(2.jpg); background-attachment: fixed;
}
</style>
```

使用 background-attachment:fixed 可以保持背景图像固定，在浏览器中预览如图 12-4 所示。

图 12-4　固定背景网页

12.2.3　设置背景定位：background-position

除了图像重复方式的设置，CSS 还提供了背景图像定位功能。背景定位用于设置对象的背景图像位置，必须先指定 background-image 属性。

基本语法：

```
background-position: 450px 360px;
```

语法说明：

background- position 的属性值见表 12-3。

表 12-3　background- position 的属性值

设 置 值	描 述
x(数值)	设置网页的横向位置，其单位可以是所有尺度单位
y(数值)	设置网页的纵向位置，其单位可以是所有尺度单位

实例代码：

```
<!doctype html>
<html>
<head>
<meta charset="utf-8">
<style>
.wu {
    background-image: url(3.jpg);
    background-repeat: repeat-y;
    background-attachment: fixed;
    background-position: 40px 60px;
}
</style>
<title>无标题文档</title>
</head>
<body>
<table width="700" border="0">
  <tbody>
    <tr>
    <td valign="top" class="wu"><p>总有这样的心境，就像走进有山有水的地方，远离喧
嚣、远离热闹、远离那些尘土的飞扬。心安静在山水间，无喜无忧也无烦恼，尽情享受在自然的怀
抱，尽情把心情释放。隐隐的疼痛渐渐化去，浓浓的相思渐渐随着白云而淡散在远方。心终归是寂
寞的，哪怕置身于热闹。灵魂终究是孤独的，哪怕进入天堂。一个人的伤，终要时间疗。一个人的
痛，终需栽进生命里面一些阳光。只要有笑声的地方就会减却烦恼，只要充满阳光的地方，温暖就
会在生命里荡漾。</p>
    <p> </p></td>
    </tr>
  </tbody>
</table>
</body>
</html>
```

背景图像定位功能可以用于图像和文字的混合排版中，将背景图像定位在适合的位置
上，以获得最佳的效果，如图 12-5 所示的网页就是采用背景图像的定位功能将图像和文字
混排。

图 12-5　图像和文字混排

12.3　设置网页图像的样式

在网页中恰当地使用图像，能够充分展现网页的主题和增强网页的美感，同时能够极大地吸引浏览者的目光。网页中的图像包括 Logo、Banner、广告、按钮及各种装饰性的图标等。CSS 提供了强大的图像样式控制功能，以帮助用户设计专业、美观的网页。

12.3.1　设置图像边框

默认情况下，图像是没有边框的，通过"边框"属性可以为图像添加边框线。定义图像的边框属性后，在图像四周出现了 5px 宽的实线边框，效果如图 12-6 所示。

其 CSS 代码如下：

```
.wu {
    border: 5px solid #F00;
}
```

可以设置边框的外观样式，可以分别设置每条边框的颜色、虚线或实线等。例如设置 5px 的虚线边框，效果如图 12-7 所示。

其 CSS 代码如下：

```
.wu {
    border: 5px dashed #F00;
}
```

图 12-6　图像边框效果

图 12-7　虚线效果图

通过改变边框样式、宽度和颜色，可以得到下列各种不同效果。

(1)　设置"border: 5px dotted #F00"，效果如图 12-8 所示。

(2)　设置"border: 5px double #F00"，效果如图 12-9 所示。

图 12-8　点画线效果

图 12-9　双线效果

(3)　设置"border: 30px groove #F00"，效果如图 12-10 所示。

(4)　设置"border: 30px ridge #F00"，效果如图 12-11 所示。

图 12-10　槽状效果

图 12-11　脊状效果

12.3.2 图文混合排版

在网页中如果只有文字是非常单调的,因此在段落中经常会插入图像。在构成网页的诸多要素中,图像是形成设计风格和吸引视觉的重要因素之一。如图 12-12 所示的网页就是图文混排的网页。

图 12-12 图文混排的网页

为了使文字和图像之间保留一定的内边距,还要定义填充属性,其 CSS 代码如下。

```css
.yang {
    padding: 12px;
    float: right;
}
```

预览效果如图 12-13 所示。

图 12-13 图像居右效果

如果要使图像居左，用同样的方法设置：float: left，其代码如下。

```
.yang {
    padding: 12px;
    float: left;
}
```

预览效果如图 12-14 所示。

图 12-14　图像居左效果

12.4　综合实例——给图片添加边框

前面几节我们学习了图像和背景的设置，下面我们通过实例来具体讲述操作步骤，以达到学以致用的目的。

网页中插入图片的时候，我们经常要给图片加上些修饰，比如加上边框或者阴影等，下面介绍一个用 CSS 给图片加上边框的例子，具体操作步骤如下。

(1) 启动 Dreamweaver CC，打开原始文档，如图 12-15 所示。

图 12-15　打开文档

（2）打开"拆分"视图，在<head>标签中输入代码<style></style>，定义样式标签，如图 12-16 所示。

图 12-16　输入代码

（3）在<style>标签中输入下列代码设置图像边框为红色虚线，如图 12-17 所示。

```
.ynag {
    border: 5px dotted #CB9700;
}
```

图 12-17　设置边框属性

（4）在定义的标签中输入下列代码，设置图像的对齐方式和对齐边距，如图 12-18 所示。

```
padding: 5px;
float: right;
```

图 12-18 设置图像对齐方式

(5) 打开"设计"视图，单击选择图像，在属性面板中单击选中设置的样式应用，如图 12-19 所示。

图 12-19 应用样式

(6) 保存文档，在浏览器中预览，效果如图 12-20 所示。

图 12-20 预览效果

本 章 小 结

本章介绍了关于使用图像的一些相关设置方法。可以看到，使用 CSS 对图像进行设置，无论是边框的样式、与周围文字的间隔，还是与旁边文字的对齐方式等，都可以做到非常精确、灵活的设置，这些都是使用 HTML 中<img>标签的属性所无法实现的。

练 习 题

1. 填空题

(1) 在 HTML 中，利用<body>标签中的_____属性可以设置网页的背景颜色，而在 CSS 中使用_____属性不但可以设置网页的背景颜色，还可以设置文字的背景颜色。

(2) 背景图像定位功能可以用于_____中，将背景图像定位在适合的位置上，以获得最佳的效果。

(3) 在边框分类中的"style"下拉列表中可以选择边框的样式外观。Dreamweaver 在文档窗口中将所有样式呈现为_____。取消选择"全部相同"可设置元素各个边的边框样式。"width"设置元素边框的_____。"_____"设置边框的颜色。可以分别设置每条边框的颜色。

2. 操作题

给网页图像和文本设置边框效果，如图 12-21 所示。

图 12-21　给网页添加边框

第 13 章　用 CSS 设计表格和表单样式

【学习目标】

表格是网页制作中使用得最多的工具之一，通过表格配合文字和精美的图片，才能完成优秀的网页。表单是网页设计中重要的对象之一，特别是动态交互式网页更是不可缺少。使用表单可以轻松地完成对各种数据的收集，它是网站管理者与浏览者之间沟通的桥梁。收集、分析用户的反馈意见，并做出科学、合理的决策，是一个网站成功的主要因素。

本章主要内容包括：

(1)　网页中的表格；

(2)　网页中的表单。

13.1　网页中的表格

表格是网页中对文本和图像布局的强有力的工具。一个表格通常由行、列和单元格组成，每行由一个或多个单元格组成。表格中的横向称为行，表格中的纵向称为列，表格中一行与一列相交所产生的区域称为单元格。

13.1.1　表格对象标签

表格的基本组成如图 13-1 所示，表格的行、列和单元格都可以进行复制、粘贴，在表格中还可以插入表格，表格嵌套使设计更加方便。

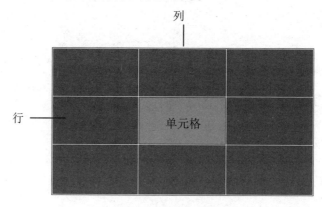

图 13-1　表格的基本组成

<table>标签和</table>标签分别表示表格的开始和结束，而<tr>和</tr>则分别表示行的开始和结束，在表格中包含几组<tr></tr>，就表示该表格为几行，<td>和</td>表示单元格

的起始和结束。

如图 13-1 所示的 3 行 3 列的表格，HTML 代码如下所示。

```
<table width="444" height="246" border="1" cellpadding="1" cellspacing="1"
bordercolor="#FF0000">
 <tr>
  <td bgcolor="#FF00FF"> </td>
  <td bgcolor="#FF00FF"> </td>
  <td bgcolor="#FF00FF"> </td>
 </tr>
 <tr>
  <td bgcolor="#FF00FF"> </td>
  <td bgcolor="#999966"> </td>
  <td bgcolor="#FF00FF"> </td>
 </tr>
 <tr>
  <td bgcolor="#FF00FF"> </td>
  <td bgcolor="#FF00FF"> </td>
  <td bgcolor="#FF00FF"> </td>
 </tr>
</table>
```

此外表格还有<caption><tbody><thead>和<th>标签。

<caption>：可以通过<caption>来设置标题单元格，一个<table>表格只能含有一个<caption>标签来定义表格标题。

<tbody>：用于定义表格的内容区，如果一个表格由多个内容区构成，可以使用多个<tbody>组合。

<thead>和<th>：<thead>用于定义表格的页眉，<th>定义页眉的单元格，通过适当地标出表格的页眉可以使表格更加有意义。

13.1.2　在 Dreamweaver 中插入表格

在 Dreamweaver 中插入表格非常简单，具体操作步骤如下。

(1) 使用 Dreamweaver CC 打开网页文档，将光标置于在要插入表格的位置，选择"插入"→"表格"菜单项，弹出"表格"对话框，在对话框中将"行数"设置为 3，"列数"设置为 3，"表格宽度"设置为 500像素，"边框粗细""单元格边距""单元格间距"分别设置为 0，如图 13-2 所示。

(2) 单击"确定"按钮，插入表格，如图 13-3 所示。

(3) 选中表格，在"属性"面板中将表格的"填充"

图 13-2　"表格"对话框

设置为 2，"间距"设置为 2，"边框"设置为 2，"边框颜色"设置为#000000，"背景颜色"设置为#FF9933，如图 13-4 所示。

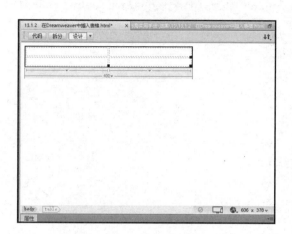

图 13-3　插入表格

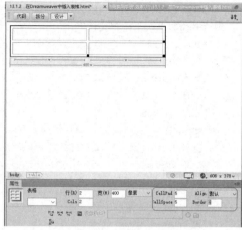

图 13-4　设置表格属性

13.1.3　设置表格的颜色

表格的颜色设置比较简单，通过 color 属性设置表格中文字的颜色，通过 background 属性设置表格的背景颜色等。如下所示的 CSS 代码定义了表格的颜色。

```css
<style>
<!--
body{
    background-color: #FDF5FE;    /* 页面背景色 */
    margin:0px; padding:5px;
    text-align:center;            /* 居中对齐(IE 有效)*/
}
.datalist{
    color: #FFFFFF;               /* 表格文字颜色 */
    background-color: #339900;    /* 表格背景色 */
    font-family:Arial;            /* 表格字体 */
}
.datalist caption{
    font-size:19px;               /* 标题文字大小 */
    font-weight:bold;             /* 标题文字粗体 */
}
.datalist th{
    color: #FFFF00;               /* 行、列名称的颜色 */
    background-color: #006600;    /* 行、列名称的背景色 */
}
-->
</style>
```

在浏览器中浏览效果如图 13-5 所示。

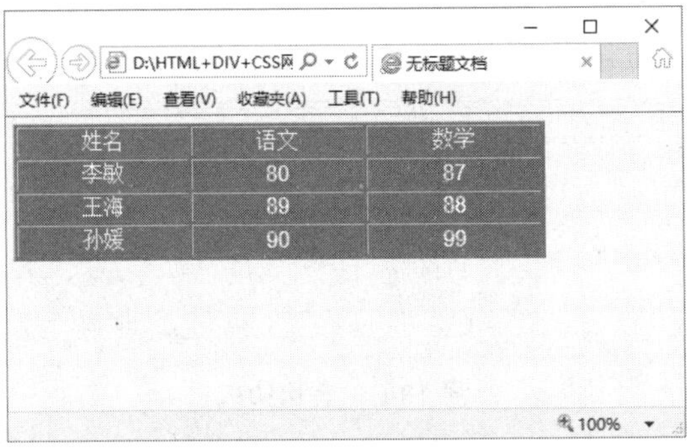

图 13-5　表格颜色

13.1.4　设置表格的边框样式

边框作为表格的分界在显示时往往必不可少。根据不同的需求，可以对表格和单元格应用不同的边框。可以定义整个表格的边框，也可以对单独的单元格分别进行定义。CSS 的边框属性是美化表格的一个关键元素，利用 CSS 可以定义各种边框样式。

对于需要重复使用的样式都是使用(class 类)选择器来定义。class 选择器可以在同一页面中重复使用，大大提高了设计效率，简化了 CSS 代码的复杂性，class 选择器在实际的网页设计中应用非常普遍。

下面就利用 class 选择器来定义表格的边框，其 CSS 代码如下所示。

```
<style type="text/css">
.bottomborder {
    border-top-width: 2px;
    border-right-width: 2px;
    border-bottom-width: 2px;
    border-left-width: 2px;
    border-top-color: #009900;
    border-right-color: #009900;
    border-bottom-color: #009900;
    border-left-color: #009900;
    border-top-style: solid;
    border-right-style: solid;
    border-bottom-style: solid;
    border-left-style: solid;
}
</style>
```

在浏览器中浏览，效果如图 13-6 所示。

在网页中有许多实线和圆角表格，可以起到很好的装饰作用，如图 13-7 和图 13-8 所示。

图 13-6　表格边框

图 13-7　实线表格

图 13-8　圆角表格

13.1.5　设置表格的阴影

利用 CSS 可以给表格制作出阴影效果，新建一个样式".boldtable"，将样式应用于表格中即可。

其 CSS 代码如下所示，分别定义了表格的上下左右边框的颜色、样式和宽度。

```
.boldtable {
    border-top-width: 1px;
    border-right-width: 6px;
    border-bottom-width: 6px;
    border-left-width: 1px;
    border-top-style: solid;
    border-right-style: solid;
    border-bottom-style: solid;
    border-left-style: solid;
    border-top-color: #FFFFFF;
    border-right-color: #999999;
    border-bottom-color: #999999;
    border-left-color: #999999;}
```

在浏览器中浏览，效果如图 13-9 所示。

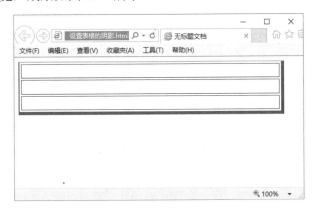

图 13-9　阴影表格

13.2　网页中的表单

表单的作用是可以与站点的访问者进行交互，或收集信息，然后提交至服务器进行处理，表单中可以包含各种表单对象。

13.2.1　表单对象

表单由两个重要的部分组成：一是在页面中看到的表单界面；二是处理表单数据的程

序，它可以是客户端应用程序，也可以是服务器端的程序。

创建表单后，需要在其中添加表单对象才能实现表单的作用，可以插入到表单中的对象有文本域、单选按钮、复选框、列表/菜单、按钮和图像域等，它们聚集在 Dreamweaver 中的"表单"插入栏中，如图 13-10 所示。

13.2.2 表单标签

表单是网页上的一个特定区域，这个区域是由一对<form>标签定义的。这个标签有如下作用。

一方面，限定表单的范围。其他的表单对象都要插入表单之中，单击提交按钮时，提交的也是表单范围内的内容。

另一方面，表单的相关信息，例如处理表单的脚本程序的位置、提交表单的方法等，对于浏览者是不可见的，但对于处理表单的确有着决定性的作用。

图 13-10 "表单"插入栏

基本语法：

```
<form name="form_name" method="method" action="url" enctype="value"
target="target_win">
</form>
```

<form>标签的属性如下所示。

- name：表单的名称。
- method：定义表单结果从浏览器传送到服务器的方法，一般有两种方法：get 和 post。
- action：用来定义表单处理程序(ASP、CGI 等程序)的位置。
- enctype：设置表单资料的编码方式。
- target：设置返回信息的显示方式。

此外还包括写入标签<input>、菜单下拉列表框<select><option>、多行的文本框<textarea>。

13.2.3 表单的布局设计

表单的布局是指表单在页面中的排版形式，为了美化页面，常常将表单元素设计不同的外观样式。可以给文本框设置不同的背景色、边框和文字颜色等。对于一些大型的网站，它们的表单布局设计都非常简洁美观。

如图 13-11 所示的网站客户留言表单页面简洁而美观。

图 13-11   网站客户留言表单

页面由一个居中的 DIV 对象作为表单的主容器，在这个容器内用一个表格来布局表单对象，表格对数据的排列方式非常适合于表单元素的排版。因此表格是表单布局的主要工具，目前很多大型网站都采用表格来对表单进行布局，特别是一些复杂的表单。

常见的表单都是左右两列式表单，左侧为项目名称，右侧为表单对象，如文本框、下拉列表或菜单等。因此在布局表单时，使用一个 2 列的表格非常合适，如图 13-12 所示。其代码如下。

```
<div id="reg">
<form name="form1" method="post" action="kefu@163.com">
<table width="95%" border="0" align="center" cellpadding="3"
cellspacing="0">
<tr>
  <td width="22%" align="right"><span class="style2">客户姓名: </span></td>
  <td width="78%"><input name="textfield" type="text" size="20"></td>
</tr>
<tr>
    <td align="right" class="style2">到达日期: </td>
    <td><input name="textfield2" type="text" size="20"></td>
 </tr>
 <tr>
    <td align="right" class="style2">房间将留至: </td>
    <td>
<label><input name="textfield3" type="text" size="20"></label>
</td>
  </tr>
  <tr>
    <td align="right" class="style2">入住人数: </td>
    <td><input name="textfield4" type="text" size="20"></td>
```

```
        </tr>
        <tr>
          <td align="right" class="style2">入住房间：</td>
          <td><span class="unnamed1">
                <select name="select">
                  <option value="1" selected>高级双人房</option>
                  <option value="2">高级单人房</option>
                  <option value="3">豪华商务双人房</option>
                  <option value="4">豪华商务单人房</option>
                  <option value="5">精致套房</option>
                  <option value="6">豪华套房</option>
                  <option value="7">长城套房</option>
                </select>
              </span>
</td>
        </tr>
        <tr>
          <td align="right" class="style2">付款方式：</td>
          <td><input type="radio" name="radiobutton" value="radiobutton">
<span class="style2">现金
          <input type="radio" name="radiobutton" value="radiobutton">信用卡
<input type="radio" name="radiobutton" value="radiobutton">支票</span>
</td>
        </tr>
        <tr>
          <td align="right" class="style2">要求设置：</td>
          <td class="style2">
<input type="checkbox" name="checkbox" value="checkbox">电视
<input type="checkbox" name="checkbox2" value="checkbox">网络
<input type="checkbox" name="checkbox3" value="checkbox">VCD
          </td>
        </tr>
        <tr>
          <td align="right" class="style2">备注：</td>
          <td><textarea name="textarea" cols="45" rows="8"></textarea></td>
        </tr>
        <tr>
          <td> </td>
          <td><input type="submit" name="Submit" value="提交">
          <input type="reset" name="Submit2" value="重置"></td>
        </tr>
      </table>
    </form>
</div>
```

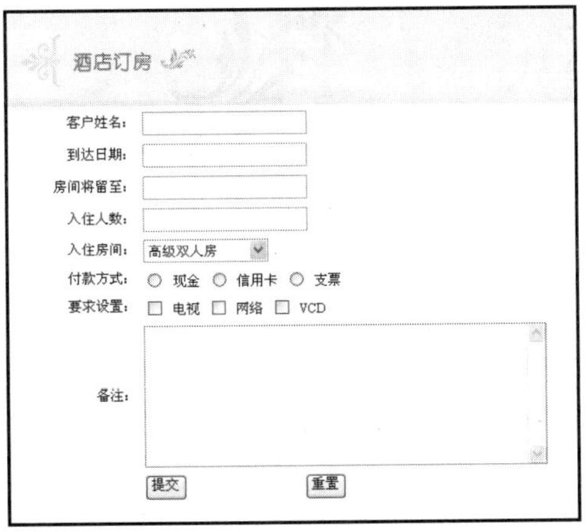

图 13-12　用表格布局表单

这里将整个表单放在一个名称为"reg"的 DIV 中，然后插入了一个 9 行 2 列的表格，表单对象整齐地排列在单元格中，还可以通过 CSS 设置表格的样式，其中的 CSS 代码如下所示。

```
#reg {
    background-color: #ffcccc;
}
#reg table {
    font-size: 12px;
    color: #003333;
    width: 530px;
    border-top-style: none;
    border-right-style: none;
    border-bottom-style: none;
    border-left-style: none;
```

上面的 CSS 代码设置了#reg 对象的背景颜色为#ffcccc，设置了表格内文字的字号为 12px，文字颜色为#003333，表格宽度为 530px，并且设置了边框样式，在浏览器中浏览效果如图 13-13 所示。

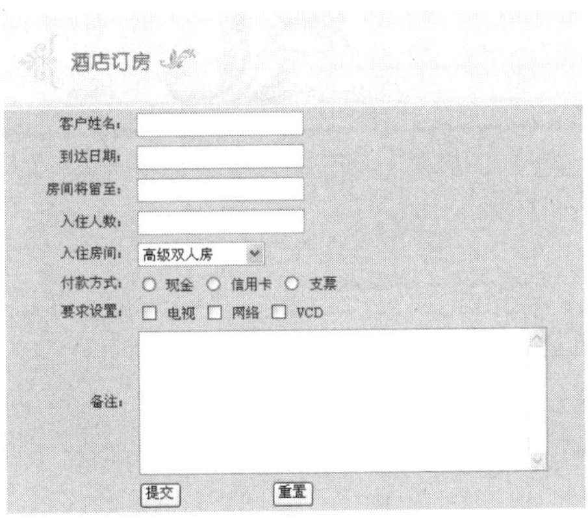

图 13-13　应用样式后表单效果

13.2.4 设置边框样式

表单对象支持边框属性，边框属性提供了 10 多种样式，通过设置边框的样式、宽度和颜色，可以获得各种不同的效果。其 CSS 代码如下所示。

```
.for {
border: 3px solid #00C13A;
    }
```

该代码设置边框粗细为 3px，边框颜色为#00C13A，在浏览器预览效果如图 13-14 所示。

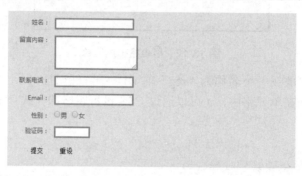

图 13-14　对文本框应用样式

13.2.5 设置背景样式

还可以设置表单对象的背景颜色和背景图像。

输入如下 CSS 代码可以设置表单背景颜色，在浏览器中浏览网页，效果如图 13-15 所示。

```
.for {
    border: 3px solid #00C13A;
    background-color:#A8FFA8;
    }
```

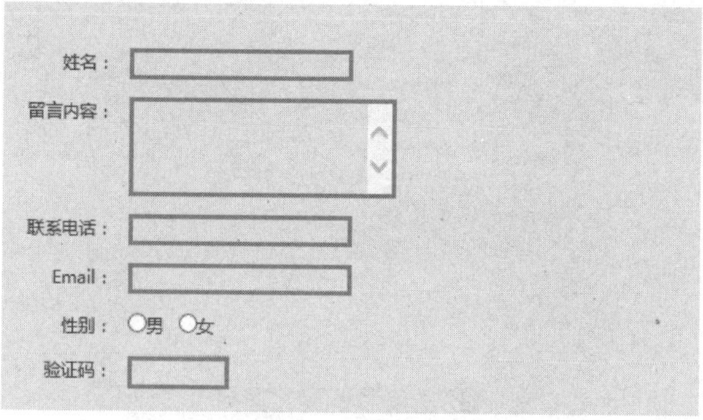

图 13-15　设置表单对象背景图像后的效果

13.2.6　设置输入文本的样式

利用 CSS 样式可以控制浏览者输入文本的样式，起到美化表单的作用。

将样式表应用到表单对象中，其 CSS 代码如下，在浏览器中浏览效果如图 13-16 所示。

```
.formstyle {
    border: 1px solid #666666;
    background-color: #FFCCFF;
    background-repeat: repeat-x;
    font-family: "隶书";
    color: #993300;
}
-->
```

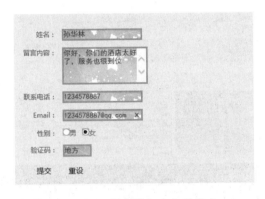

图 13-16　设置输入文本的样式

13.3　综合实例

表格最基本的作用就是让复杂的数据变得更有条理，让人容易看懂，在设计页面时，往往要利用表格来排列网页元素。下面通过几个实例介绍表格的使用技巧。

综合实例 1——制作变换背景色的表格

如果希望浏览者特别留意某个表格属性，可以在设计表格时添加简单的 CSS 语法，当浏览者将鼠标指针移到表格上时，就会自动变换表格的背景色；当鼠标指针离开表格，即会恢复原来的背景色(或是换成另一种颜色)。

(1)　使用 Dreamweaver CC 打开网页文档，如图 13-17 所示。

(2)　选择要变换颜色的表格，切换到"拆分"视图，如图 13-18 所示。

(3)　在\<table\>标签中输入以下代码，如图 13-19 所示。

```
onMouseOver="this.style.background='#FF3366'"
onMouseOut="this.style.background='#9FE417'"
```

图 13-17　打开网页文档

图 13-18　"拆分"视图

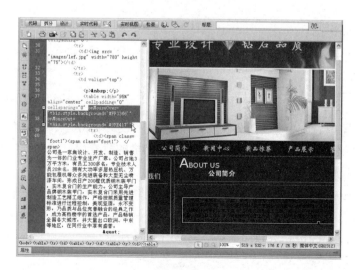

图 13-19　输入代码

（4）保存文档，在浏览器中预览效果，光标没有移到表格上时如图 13-20 所示，光标移到表格上时如图 13-21 所示。

图 13-20　光标没有移到表格上时

图 13-21　变换背景色的表格

综合实例 2——设计表单的样式

设计表单样式的具体操作步骤如下。

（1）使用 Dreamweaver CC 打开网页文档，如图 13-22 所示。

（2）打开"拆分"视图，在<head>和</head>之间相应的位置输入以下代码，如图 13-23 所示。

```
<style type="text/css">
input.ys{
border:1 solid #FF9900;
background-color: #FFCC00;
}
</style>
```

图 13-22 打开网页文档

图 13-23 输入代码

提示： 定义一个名为 ys 的按钮样式，将边框设置为 1，边框颜色设置为#FF9900，
背景颜色设置为#FFCC00。

(3) 对要设置文本框样式的文本框套用样式，如图 13-24 所示。

(4) 保存网页，在浏览器中预览，效果如图 13-25 所示。

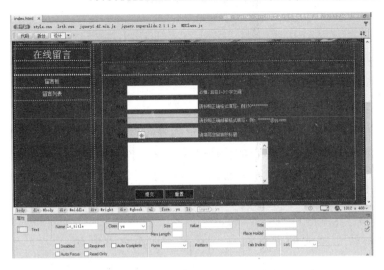

图 13-24　对要设置文本框样式的文本框套用样式

图 13-25　对文本框应用样式

本 章 小 结

　　表格作为传统的 HTML 元素，一直受到网页设计者们的青睐。使用表格来表示数据、制作调查表等应用在网络中屡见不鲜。同时因为表格框架的简单、明了，使用没有边框的表格来排版，也受到很多设计者的喜爱。

　　表单是交互式网站的很重要的应用之一，它可以实现交互功能，需要注意的是本章所介绍的内容只涉及表单的设置，不涉及具体功能的实现方法，例如要实现一个真正的新闻发布系统，则必须具有服务器程序的配合，读者有兴趣的话，可以参考其他相关的图书和资料。

练 习 题

1. 填空题

(1) 表格是网页中对文本和图像布局的强有力的工具。一个表格通常由____、____和_____组成，每行由一个或多个单元格组成。表格中的横向称为____，表格中的纵向称为____，表格中一行与一列相交所产生的区域称为_____。

(2) 表格的颜色设置比较简单，通过_____属性设置表格中文字的颜色，通过_____属性设置表格的背景颜色等。

(3) 表单由两个重要的部分组成：一是在页面中看到的_____；二是_____，它可以是客户端应用程序，也可以是服务器端的程序。

2. 操作题

利用<style>标签制作表单网页，如图 13-26 所示。

图 13-26　制作表单网页

第 14 章　用 CSS 制作链接与网站导航

【学习目标】

一个优秀的网站，菜单和导航是必不可少的，导航菜单的风格往往也决定了整个网站的风格，因此很多设计者都会投入很多的时间和精力来制作各式各样的导航。本章主要围绕超链接的制作、导航菜单的制作、有序列表和无序列表以及各种导航的制作来展开。

本章主要内容包括：
(1) 掌握链接标签；
(2) 创建按钮式超链接；
(3) 控制鼠标指针；
(4) 设置项目列表样式；
(5) 创建简单的导航菜单。

14.1　链　接　标　签

CSS 提供了 4 种 a 对象的伪类，它表示链接的 4 种不同状态，即 link(未访问的链接)、visited(已访问的链接)、active(激活链接)、hover(鼠标停留在链接上)，分别对这 4 种状态进行定义，就完成了对超链接样式的控制。

14.1.1　a:link

用来定义超链接被访问前的样式。

基本语法：

```
a:link
```

语法说明：

link 选择器不会设置已经访问过的链接的样式。

实例代码：

```
<!doctype html>
<html>
<head>
<meta charset="utf-8">
<style>
a:link
{
```

```
background-color:yellow;
}
</style>
<title>无标题文档</title>
</head>
<body>
<a href="#1">公司简介</a>
<a href="#2">公司新闻</a>
<a href="#3">联系我们</a>
</body>
</html>
```

在浏览器中浏览，可以看到超链接文字颜色效果，如图 14-1 所示。

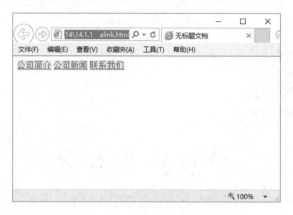

图 14-1　链接文字颜色

14.1.2　a:visited

a:visited 表示超链接被访问过后的样式，对于浏览器而言，通常都是访问过的链接比没有访问过的链接颜色稍浅，以便提示浏览者该链接已经被单击过。设置 a:visited 操作步骤如下。

基本语法：

```
a:visited
```

语法说明：

visited 选择器用于选取已被访问的链接。

实例代码：

```
<!doctype html>
<html>
<head>
<meta charset="utf-8">
<style>
a:visited
```

```
{
background-color:yellow;
}
</style>
</head>
<body>
<a href="#1">公司简介</a>
<a href="#2">公司新闻</a>
<a href="#3">联系我们</a>
</body>
</html>
```

在浏览器中浏览，可以看到单击超链接文字颜色效果，如图 14-2 所示。

图 14-2　链接文字颜色

14.1.3　a:active

a:active 表示超链接的激活状态，用来定义鼠标单击链接但还没有释放之前的样式。设置 a:active 操作步骤如下。

基本语法：

```
a:active
```

语法说明：

active 选择器用于选择活动链接。

实例代码：

```
<!doctype html>
<html>
<head>
<meta charset="utf-8">
<style>
a:active
{
```

```
background-color:yellow;
}
</style>
</head>
<body>
<a href="#1">公司简介</a>
<a href="#2">公司新闻</a>
<a href="#3">联系我们</a>
</body>
</html>
```

在浏览器中打开，单击链接文字且不释放鼠标，效果如图 14-3 所示。

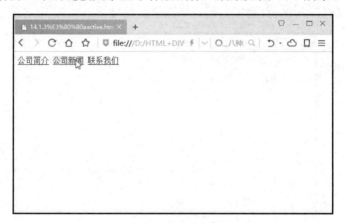

图 14-3　超链接效果

14.1.4　a:hover

有时需要对一个网页中的链接文字做不同的效果，并且让鼠标移上时也有不同效果。
a:hover 指的是当鼠标移动到链接上时链接文字的样式。

基本语法：

```
a:hover
```

语法说明：

a:hover 选择器用于选择鼠标指针浮动在上面的元素。a:hover 选择器可用于所有元素，
不只是链接。

实例代码：

```
<!doctype html>
<html>
<head>
<meta charset="utf-8">
<style>
a:hover
```

```
{
background-color: #EDF30E;
}
</style>
</head>
<body>
<a href="#1">公司简介</a>
<a href="#2">公司新闻</a>
<a href="#3">联系我们</a>
</body>
</html>
```

由于设置了 a:hover 的背景颜色为#EDF30E，则鼠标指针经过链接的时候，会改变文本的颜色，效果如图 14-4 所示。

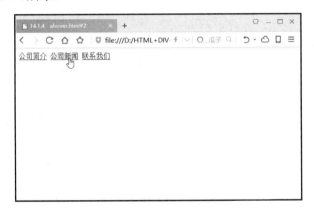

图 14-4　鼠标指针经过超链接时效果

14.2　创建按钮式超链接

很多网页上的超链接都制作成各种按钮的效果，当鼠标移动到按钮上时实现按下去的效果，其原理是变换边框之间的颜色。下面使用 CSS 制作一个漂亮的按钮链接。

```
<!doctype html>
<html>
<head>
<meta charset="utf-8">
<title>无标题文档</title>
<style>
<!--
a{
 font-family: Arial;
 font-size: .9em;
 text-align:center;
 margin:4px;}
```

```
a:link, a:visited{
 color: #A52310;
 padding:4px 10px 4px 10px;
 background-color: #AAFF76;
 text-decoration: none;
 border-top: 1px solid #11F100;
 border-left: 1px solid #11F100;
 border-bottom: 1px solid #72221;
 border-right: 1px solid #72221;}
a:hover{
 color:#831826;
 padding:5px 8px 3px 12px;
 background-color: #F9999B;
 border-top: 1px solid #72221;
 border-left: 1px solid #72221;
 border-bottom: 1px solid #11F100;
 border-right: 1px solid #11F100;}
-->
</style>
</head>
<body>
<a href="#" _fcksavedurl="#">首页</a>
<a href="#" _fcksavedurl="#">公司简介</a>
<a href="#" _fcksavedurl="#">公司新闻</a>
<a href="#" _fcksavedurl="#">产品欣赏</a>
<a href="#" _fcksavedurl="#">联系我们</a>
<a href="#" _fcksavedurl="#">网站论坛</a>
</body>
</html>
```

页面 body 部分与所有 HTML 页面一样，利用超链接建立最简单的菜单结构。在<head>
内对<a>标签进行整体控制，设置不同状态下的样式，对于鼠标指针经过时的超链接，相应
地改变文字颜色、背景色、位置和边框，最终显示效果如图 14-5 所示。

图 14-5　创建按钮式超链接

14.3　控制鼠标指针

在许多网站上我们可以看到很有个性的鼠标指针(cursor)，在网页设计中用 CSS 可以方便地实现这种个性鼠标指针的效果，该 CSS 属性就是 cursor 属性。

一般而言，鼠标以斜向上的箭头显示，移到文本上时变为有头的竖线，移到超链接上时变为手形。但用 CSS 可控制鼠标的显示效果，如可使鼠标移到普通文本上也显示成手形。cursor 属性见表 14-1。

表 14-1　cursor 属性

值	功能说明
url	需使用的自定义光标的 URL
default	默认光标(通常是一个箭头)
auto	默认。浏览器设置的光标
crosshair	光标呈现为十字形
pointer	光标呈现为指示链接的指针(一只手)
move	此光标指示某对象可被移动
e-resize	此光标指示矩形框的边缘可被向右移动
ne-resize	此光标指示矩形框的边缘可被向上及向右移动
nw-resize	此光标指示矩形框的边缘可被向上及向左移动
n-resize	此光标指示矩形框的边缘可被向上移动
se-resize	此光标指示矩形框的边缘可被向下及向右移动
sw-resize	此光标指示矩形框的边缘可被向下及向左移动
s-resize	此光标指示矩形框的边缘可被向下移动
w-resize	此光标指示矩形框的边缘可被向左移动
wait	此光标指示程序正忙(通常是一只表或沙漏)
help	此光标指示可用的帮助(通常是一个问号或一个气球)
text	此光标指示文本

```
<!doctype html>
<html>
<head>
<meta charset="utf-8">
<title>无标题文档</title>
<title>无标题文档</title>
<style>
.cursor1{cursor:Move}
</style>
</head>
<body class="cursor1">
```

```
个性鼠标指针
</body>
</html>
```

加粗的代码是将鼠标设置为移动型，最终显示效果如图 14-6 所示。

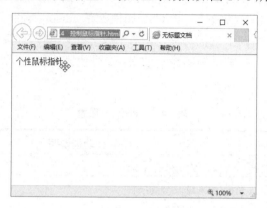

图 14-6　设置鼠标指针

14.4　设置项目列表样式

列表是一种非常实用的数据排列方式，它以条列式的模式来显示数据，可以帮助访问者方便地找到所需信息，并引起访问者对重要信息的注意。

14.4.1　列表符号类型：list-style-type

使用列表符号属性可以设置列表项所使用的符号类型。拥有很多值，而且浏览器对其支持程度不一，好多效果在 IE 下是看不到的。

基本语法：

```
list-style-type:值;
```

语法说明：

列表符号有许多种，其具体取值范围见表 14-2。

表 14-2　列表符号的取值

取　值	含　义
disc	默认值，实心圆
circle	空心圆
square	实心方块
decimal	阿拉伯数字
lower-roman	小写罗马数字
upper-roman	大写罗马数字

续表

取　值	含　义
lower-alpha	小写英文字母
upper-alpha	大写英文字母
none	不使用任何项目符号或编号

实例代码：

```
<!doctype html>
<html>
<head>
<meta charset="utf-8">
        <title>CSS list-style-type 属性示例</title>
        <style type="text/css" media="all">
            ul { list-style-type: disc;}
          ul#circle    { list-style-type: circle; }
          ul#square { list-style-type: square; }
          ul#decimal { list-style-type: decimal;}
          ul#decimal-leading-zero { list-style-type:
decimal-leading-zero;}
          ul#lower-roman { list-style-type: lower-roman; }
          ul#upper-roman{ list-style-type: upper-roman;}
          ul#lower-greek { list-style-type: lower-greek;}
          ul#lower-latin  { list-style-type: lower-latin; }
          ul#upper-latin { list-style-type: upper-latin; }
          ul#armenian { list-style-type: armenian;}
          ul#georgian {list-style-type: georgian;}
          ul#lower-alpha { list-style-type: lower-alpha;}
      ul#upper-alpha { list-style-type: upper-alpha;}
      ul#none { list-style-type: none;}
        ol { list-style-type: lower-roman; }
      </style>
  </head>
  <body>
      <ul>
          <li>正常模式</li>
      </ul>
      <ul id="circle">
        <li>圆圈模式</li>
      </ul>
      <ul id="square">
          <li>正方形模式</li>
      </ul>
<ul id="decimal">
        <li>数字模式</li>
      </ul>
      <ul id="lower-roman">
          <li>小写罗马文字模式</li>
      </ul>
```

```
<ul id="upper-roman">
        <li>大写罗马文字模式</li>
    </ul>
<ul id="lower-greek">
        <li>小写阿拉伯文字模式</li>
    </ul>
<ul id="lower-latin">
        <li>小写拉丁文模式</li>
    </ul>
    <ul id="upper-latin">
        <li>大写拉丁文模式</li>
    </ul>
    <ul id="armenian">
        <li>亚美尼亚数字模式</li>
    </ul>
<ul id="georgian">
        <li>乔治亚数字模式</li>
    </ul>
    <ul id="lower-alpha">
        <li>小写拉丁文模式</li>
    </ul>
    <ul id="upper-alpha">
        <li>大写拉丁文模式</li>
    </ul>
    <ul id="none">
        <li>无模式</li>
        <li></li>
    </ul>
</body>
</html>
```

加粗部分的代码是设置列表符号类型，如图 14-7 所示。

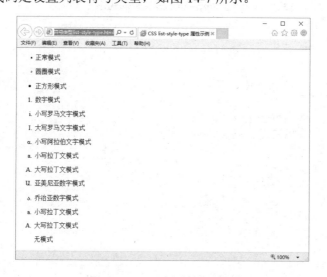

图 14-7　设置列表符号类型

14.4.2　列表符号的混用

在定义列表元素的时候，有时候会混用各种列表符号。当混用的列表符号中遇到顺序问题的时候，同一列表中会计算所有列表项目的数目，确定当前列表项目的显示方式。

实例代码：

```
<!doctype html>
<html>
<head>
<meta charset="utf-8">
<title>列表符号的混用</title>
<style>
.liststyle1{list-style-type:disc;}
.liststyle2{list-style-type:circle;}
.liststyle3{list-style-type:decimal;}
.liststyle4{list-style-type:lower-roman;}
li{font-size:36px;}
</style>
</head>
<body>
<ul>
<li class="liststyle1">列表符号的混用</li>
<li class="liststyle2">列表符号的混用</li>
<li class="liststyle3">列表符号的混用</li>
<li class="liststyle4">列表符号的混用</li>
</ul>
</body>
</html>
```

加粗部分的代码表示在<ul>标签的每个列表项目中，使用了不同的列表符号属性值，同时定义了<li>元素中文本的大小，如图 14-8 所示。

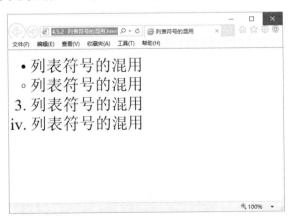

图 14-8　设置混合项目列表

14.4.3　列表图像属性：list-style-image

除了传统的各种项目符号外，CSS 还提供了属性 list-style-image，可以将项目符号显示为任意的图片。

基本语法：

```
list-style-image:none | url(图像地址);
```

语法说明：

在列表图像属性中，可以使用两个属性值：none 和 URL。

实例代码：

```html
<!doctype html>
<html>
<head>
<meta charset="utf-8">
<title>无标题文档</title>
<style type="text/css" media="all">
ul { list-style-image: url(1.jpg);}
</style>
</head>
<body>
<ul>
<li>使用图片显示列表</li>
<li>使用图片显示列表</li>
<li>使用图片显示列表</li>
<li>使用图片显示列表</li>
</ul>
</body>
</html>
```

加粗部分的代码是设置图像为项目符号，效果如图 14-9 所示。

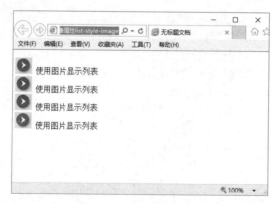

图 14-9　设置图像为项目符号

14.4.4　列表综合属性：list-style

列表综合属性(list-style)，用来统一定义列表的各种显示效果。在列表综合属性中，可以同时定义列表的标签位置、使用的图片、列表符号等属性。

基本语法：

```
list-style:list-style-image | list-style-position | list-style-type
```

语法说明：

当 list-style-image 和 list-style-type 都被指定的时候，list-style-image 将优先，除非 list-style-image 设置为 none 或指定 URL 地址的图片不能被显示。

实例代码：

```
<!doctype html>
<html>
<head>
<meta charset="utf-8">
<title>无标题文档</title>
<style type="text/css" media="all">
ul#test1{ list-style:square inside url(2.jpg);}
ul#test2{ list-style:none;}
</style>
</head>
<body>
<ul id="test1">
<li>list-style 示例</li>
<li>list-style 示例</li>
<li>list-style 示例</li>
<li>list-style 示例</li>
</ul>
</body>
</html>
```

加粗部分的代码是用来设置列表复合属性，效果如图 14-10 所示。

图 14-10　设置列表复合属性

14.5 创建简单的导航菜单

网站导航都含有超链接，因此，一个完整的网站导航需要创建超链接样式。导航栏就好像一本书的目录，对整个网站有着很重要的作用。

14.5.1 简单的竖直排列菜单

作为一个成功的网站，导航菜单是不可缺少的。在传统的方式下制作导航菜单是很麻烦的工作。使用<ul>标签、<li>标签以及 CSS 属性变换可以达到很多意想不到的导航效果。

实例代码：

```
<!doctype html>
<html>
<head>
<meta charset="utf-8">
<title>无标题文档</title>
<style>
#button {
width: 150px;   // 设置整个div的宽度为150px像素
border-right: 1px solid #000;
padding: 0 0 1em 0;
margin-bottom: 1em;
font-family: "黑体";          // 设置文字字体
font-size: 13px;              // 设置文字字号
background-color: #FF0099;
color: #000000;}
#button ul {
list-style: none;   // 不带项目符号显示
margin: 0;    // 设置外边距
padding: 0;   // 设置内边距
border: none;}
#button li {
margin: 0;
border-bottom-width: 1px;
border-bottom-style: solid;
border-bottom-color: #000000;}
#button li a {
display: block; // 通过该语句，超链接被设置成了块元素，当鼠标指针进入该块的任何部分
//时都会被激活，而不是仅仅在文字上时才被激活。
padding: 5px 5px 5px 0.5em;
background-color: #A2D30C;
color: #fff;
text-decoration: none;
width: 100%;
```

```
border-right-width: 10px;
border-left-width: 10px;
border-right-style: solid;
border-left-style: solid;
border-right-color: #034A0B;
border-left-color: #034A0B;}
html>body #button li a {
width: auto;}
#button li a:hover {    // 鼠标指针经过时
background-color: #034A0B;  // 改变背景色
color: #fff;    // 改变文字颜色
border-right-width: 10px;
border-left-width: 10px;
border-right-style: solid;
border-left-style: solid;
border-right-color: #85FF8F;
border-left-color: #85FF8F;}
</style>
</head>
<body>
<div id="button">
<ul>
<li><a href="#">首页</a></li>
<li><a href="#">公司新闻</a></li>
<li><a href="#">最新动态</a></li>
<li><a href="#">客房介绍</a></li>
<li><a href="#">联系我们</a></li>
</ul>
</div>
</body>
</html>
```

<body>部分建立了 HTML 网页的基本结构，将导航菜单的各个项目列表用<ul>列出来，CSS 部分的代码是设置导航的外观效果，效果如图 14-11 所示。

图 14-11　设置导航效果

14.5.2 横竖自由转换导航菜单

导航菜单不只是可以竖直排列，很多时候要求页面的导航菜单能够水平方向显示。通过 CSS 属性的控制，可以使项目列表的导航菜单轻松地实现横竖转换。

实例代码：

```
<!doctype html>
<html>
<head>
<meta charset="utf-8">
<title>无标题文档</title>
<style>
body {background-color: ffdee0;}
#navigation{font-family:Arial, Helvetica, sans-serif;}
#navigation ul{
list-style-type:none;  /*不显示项目符号*/
margin:0px;
padding:0px;}
#navigation li {
float:left; /* 水平显示各个项目 */}
#navigation li a{
display:block; /* 区块显示 */
padding:3px 6px 3px 6px;
text-decoration:none;
border:1px solid #711515;
margin:2px;}
#navigation li a:link, #navigation li a:visited{
background-color:#c11136; color:#FFFFFF;}
#navigation li a:hover{ /* 鼠标经过时 */
background-color:#990020; /* 改变背景色 */
color:#ffff00; /* 改变文字颜色 */}
</style>
</head>
<body>
<div id="navigation">
<ul>
<li><a href="#">首页</a></li>
<li><a href="#">我的简介</a></li>
<li><a href="#">我的相册</a></li>
<li><a href="#">我的博客</a></li>
<li><a href="#">联系我</a></li>
</ul>
</div>
</body>
```

加粗代码中，在#navigation li 的样式中，增加一条"float:left"，也就是使各个列表项变为向左浮动，这样它们就会依次排列，直到浏览器窗口容纳不下，再折行排列，也就使如图 14-12 所示效果。

图 14-12　设置导航自由转换

本 章 小 结

在一个网站中，所有页面都会通过超链接互相连接在一起，这样才会形成一个有机的网站。因此在各种网站中，导航都是网页中最重要的组成部分之一。本章主要介绍了超链接文本的样式设计，以及对列表的样式设计。对于超链接，最核心的是 4 种类型的含义和用法：对于列表，需要了解基本的设置方法。这二者都是非常重要和常用的元素，因此一定要把相关的基本要点熟练掌握，为后面制作复杂的例子打好基础。

练 习 题

1. 填空题

(1) ＿＿＿＿＿表示超链接被访问过后的样式，对于浏览器而言，通常都是访问过的链接比没有访问过的链接颜色稍浅，以提示浏览者该链接已经被单击过。

(2) ＿＿＿＿＿表示超链接的激活状态，用来定义鼠标单击链接但还没有释放之前的样式。

(3) CSS 提供了 4 种 a 对象的伪类，它表示链接的 4 种不同状态，即＿＿＿(未访问的链接)、＿＿＿＿(已访问的链接)、＿＿＿＿(激活链接)、＿＿＿＿(鼠标停留在链接上)，分别对这 4 种状态进行定义，就完成了对超链接样式的控制。

(4) 链接标签虽然在网站设计制作中占有不可替代的地位，但是其标签只有一个，那就是＿＿＿＿标签，下面是 CSS 定义超链接的 4 个状态。

＿＿＿＿：设置未访问的链接样式属性。

＿＿＿＿：设置被选择(被按下)的链接样式属性。

＿＿＿＿：设置已访问的链接样式属性。

＿＿＿＿：设置当有鼠标悬停在链接上的样式属性。

2. 操作题

设计一个背景变换的导航菜单。

第 15 章　CSS+DIV 布局定位基础

【学习目标】

设计网页的第一步是设计布局，好的网页布局会令访问者耳目一新，同样也可以使访问者比较容易在站点上找到他们所需要的信息。无论使用表格还是 CSS，网页布局都是把大块的内容放进网页的不同区域里面。有了 CSS，最常用来布局内容的元素就是<div>标签。盒子模型是 CSS 控制页面时一个很重要的概念，只有很好地掌握了盒子模型以及其中每个元素的用法，才能真正控制好页面中的各个元素。

本章主要内容包括：

(1)　了解什么是 Web 标准；

(2)　为什么要建立 Web 标准；

(3)　<div>与<span>的区别。

15.1　网站与 Web 标准

Web 标准，即网站标准。目前通常所说的 Web 标准一般指网站建设采用基于 XHTML 语言的网站设计语言，Web 标准中典型的应用模式是 CSS+DIV。实际上，Web 标准并不是某一个标准，而是一系列标准的集合。

15.1.1　什么是 Web 标准

Web 标准是由 W3C 和其他标准化组织制定的一套规范集合，Web 标准的目的在于创建一个统一的用于 Web 表现层的技术标准，以便于通过不同浏览器或终端设备向最终用户展示信息内容。

网页主要由 3 部分组成：结构(Structure)、表现(Presentation)和行为(Behavior)。对应的网站标准也分 3 方面：结构化标准语言，主要包括 XHTML 和 XML；表现标准语言，主要包括 CSS；行为标准，主要包括对象模型(如 W3C DOM)、ECMAScript 等。

1. 结构

结构对网页中用到的信息进行分类与整理。在结构中用到的技术主要包括 HTML、XML 和 XHTML。

2. 表现

表现用于对信息进行版式、颜色、大小等形式控制。在表现中用到的技术主要是 CSS。

3. 行为

行为是指文档内部的模型定义及交互行为的编写，用于编写交互式的文档。在行为中用到的技术主要包括 DOM(Document Object Model)和 ECMAScript。

(1) DOM 文档对象模型。DOM 是浏览器与内容结构之间沟通接口，使你可以访问页面上的标准组件。

(2) ECMAScript 脚本语言。ECMAScript 是标准脚本语言，用于实现具体的界面上对象的交互操作。

15.1.2　为什么要建立 Web 标准

我们大部分人都有深刻体验，每当主流浏览器版本升级时，我们刚建立的网站就可能变得过时，就需要升级或者重新设计网站。在网页制作时采用 Web 标准技术，可以有效地对页面的布局、字体、颜色、背景和其他效果实现更加精确的控制。只要对相应的代码做一些简单的修改，就可以改变网页的外观和格式。

简单说，网站标准的目的就是：

- 提供最多利益给最多的网站用户；
- 确保任何网站文档都能够长期有效；
- 简化代码，降低建设成本；
- 让网站更容易使用，能适应更多不同用户和更多网络设备；
- 当浏览器版本更新，或者出现新的网络交互设备时，确保所有应用能够继续正确执行。

对于网站设计和开发人员来说，网站标准就是使用标准；对于网站用户来说，网站标准就是最佳体验。

对网站浏览者的好处：

- 文件下载与页面显示速度更快；
- 内容能被更多的用户所访问(包括失明、视弱、色盲等残障人士)；
- 内容能被更广泛的设备所访问(包括屏幕阅读机、手持设备、搜索机器人、打印机、电冰箱等)；
- 用户能够通过样式选择定制自己的表现界面；
- 所有页面都能提供适于打印的版本。

对网站设计者的好处：

- 更少的代码和组件，容易维护；
- 带宽要求降低，代码更简洁，成本降低；
- 更容易被搜索引擎搜索到；
- 改版方便，不需要变动页面内容；
- 提供打印版本而不需要复制内容；
- 提高网站易用性。在美国，有严格的法律条款来约束政府网站必须达到一定的易用性，其他国家也有类似的要求。

15.1.3 怎样改善现有网站

大部分的设计师依旧在采用传统的表格布局、表现与结构混杂在一起的方式来建立网站。学习使用 XHTML+CSS 的方法需要一个过程，使现有网站符合网站标准也不可能一步到位。最好的方法是循序渐进，分阶段来逐步达到完全符合网站标准的目标。

1．初级改善

(1) 为页面添加正确的 DOCTYPE。DOCTYPE 是 document type 的简写。用来说明用的 XHTML 或者 HTML 是什么版本。浏览器根据 DOCTYPE 定义的 DTD(文档类型定义)来解释页面代码。

(2) 设定一个名字空间。直接在 DOCTYPE 声明后面添加如下代码：

```
<!doctype html>
```

(3) 声明编码语言。为了被浏览器正确解释和通过标识校验，所有的 XHTML 文档都必须声明它们所使用的编码语言，代码如下：

```
<meta charset="utf-8">
```

这里声明的编码语言是 utf-8。

(4) 用小写字母书写所有的标签。XML 对大小写是敏感的，所以，XHTML 也是区分大小写。所有的 XHTML 标签和属性的名字都必须使用小写。否则文档将被 W3C 校验认为是无效的。例如下面的代码是不正确的：

```
<Title>公司简介</Title>
```

正确的写法是：

```
<title>公司简介</title>
```

(5) 为图片添加 alt 属性。为所有图片添加 alt 属性。alt 属性指定了当图片不能显示的时候就显示的替代文本，这样做对正常用户虽可有可无，但对纯文本浏览器和使用屏幕阅读机的用户来说是至关重要的。只有添加了 alt 属性，代码才会被 W3C 正确校验通过。如下所示：

```
<img src="logo.gif" alt="东方公司标志，首页">
```

(6) 给所有属性值加引号。在 HTML 中，可以不需要给属性值加引号，但是在 XHTML 中，它们必须被加引号。

例如 height="100"是正确的，而 height=100 就是错误的。

(7) 关闭所有的标签。在 XHTML 中，每一个打开的标签都必须关闭，如下所示：

```
<p>每一个打开的标签都必须关闭。</p>
<b>HTML 可以接受不关闭的标签，XHTML 就不可以。</b>
```

这个规则可以避免 HTML 的混乱和麻烦。

2．中级改善

接下来的改善主要在结构和表现分离上，这一步不像初级改善那么容易实现，需要观念上的转变，以及对 CSS 技术的学习和运用。

（1）用 CSS 定义元素外观。应该使用 CSS 来确定元素的外观。

（2）用结构化标签代替无意义的垃圾代码。许多人可能从来都不知道 HTML 和 XHTML 标签设计本意是用来表达结构的。很多人已经习惯用标签来控制表现而不是结构。例如下面的代码：

```
北京<br/>上海<br/>广州<br/>
```

就没有如下的代码好：

```
<ul> <li>北京</li> <li>上海</li> <li>广州</li></ul>
```

（3）给每个表格和表单加上 id。给表格或表单赋予一个唯一的、结构的标签，例如：

```
<table id="menu">
```

15.2　<div>标签与<span>标签

在 CSS 布局的网页中，<div>与<span>都是常用的标签，利用这两个标签，加上 CSS 对其样式的控制，可以很方便地实现网页的布局。

15.2.1　<div>概述

过去最常用的网页布局工具是<table>标签，它本是用来创建电子数据表的，由于<table>标签本来不是要用于布局的，因此设计师们不得不经常以各种不寻常的方式来使用这个标签，如把一个表格放在另一个表格的单元格里面。这种方法的工作量很大，增加了大量额外的 HTML 代码，并使得后面要修改设计很难。

而 CSS 的出现使得网页布局有了新的曙光。利用 CSS 属性，可以精确地设定元素的位置，还能将定位的元素叠放在彼此之上。当使用 CSS 布局时，主要把它用在<div>标签上，<div>与</div>之间相当于一个容器，可以放置段落、表格、图片等各种 HTML 元素。

<div>是用来为 HTML 文档内大块的内容提供结构和背景的元素。div 的起始标签和结束标签之间的所有内容都是用来构成这个块的，其中所包含元素的特性由<div>标签的属性，或通过使用 CSS 来控制。

下面列出一个简单的实例讲述<div>的使用。

实例代码：

```
<!doctype html>
<html>
```

```
<head>
<meta charset="utf-8">
<title>Div 的简单使用</title>
<style type="text/css">
<!--
div{
    font-size:26px;                    /* 字号大小 */
    font-weight:bold;                  /* 字体粗细 */
    font-family:Arial;                 /* 字体 */
    color:#330000;                    /* 颜色 */
    background-color: #D8DD01;          /* 背景颜色 */
    text-align:center;                 /* 对齐方式 */
    width:400px;                       /* 块宽度 */
    height:80px;                       /* 块高度 */
}
-->
</style>
  </head>
<body>
    <div>div 的使用</div>
</body>
</html>
```

在上面的实例中，通过 CSS 对 div 的控制，制作了一个宽 400px 和高 80px 的绿色块，并设置了文字的颜色、字号和对齐方式，在 IE 中浏览效果如图 15-1 所示。

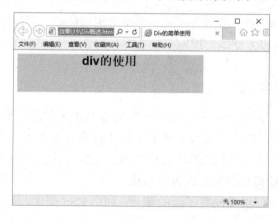

图 15-1　Div 的简单使用

15.2.2　<div>与<span>的区别

很多开发人员都把<div>标签同<span>标签弄混淆了。尽管它们在特性上相同，但是<span>是用来定义内嵌内容而不是大块内容的。

<div>是一个块级元素，可以包含段落、标题、表格，甚至如章节、摘要和备注等。而<span>是行内元素，<span>的前后是不会换行的，它没有结构的意义，纯粹是应用样式，当其他行内元素都不合适时，可以使用<span>。

下面通过一个实例来说明<div>与<span>的区别。

实例代码：

```
<!doctype html>
<html>
<head>
<meta charset="utf-8">
<title>div 与 span 的区别</title>
  </head>
<body>
    <p>div 标记不同行：</p>
    <div><img src="2.jpg" width="180" height="240" vspace="1"
border="0"></div>
<div><img src="3.jpg" width="174" height="240" vspace="1" border="0"></div>
<div><img src="4.jpg" width="174" height="240" vspace="1" border="0"></div>
<p>span 标记同一行：</p>
    <span><img src="2.jpg" width="174" height="240" border="0"></span>
    <span><img src="3.jpg" width="174" height="240" border="0"></span>
    <span><img src="4.jpg" width="174" height="240" border="0"></span>
</body>
</html>
```

在浏览器中浏览，效果如图 15-2 所示。

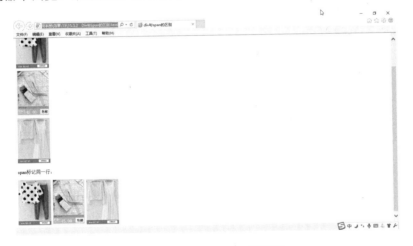

图 15-2　Div 与 Span 的区别

正是由于两个对象不同的显示模式，因此在实际使用过程中决定了两个对象的不同用途。<div>对象是一个大的块状内容，如一大段文本、一个导航区域、一个页脚区域等显示为块状的内容。

而作为内联对象的<span>，其用途是对行内元素进行结构编码以方便样式设计，例如在一大段文本中，需要改变其中一段文本的颜色，可以对这一小部分文本使用<span>对象，并进行样式设计，这将不会改变这一整段文本的显示方式。

本 章 小 结

随着 Web 2.0 大潮的席卷而来，传统的表格布局模式逐渐被 DIV+CSS 的设计模式所取代，使用 DIV 建框架，使用 CSS 定制、改善网页的显示效果已经成为一个网页设计的标准化模式，对于网页设计人员来说，DIV+CSS 已经成为他们必须掌握的技术。本节主要讲述了 Web 标准的概念、网站与 Web 标准以及<div>标签与<span>标签的基本应用。

练 习 题

1. 填空题

(1) 网页主要由 3 部分组成：结构、表现和行为。对应的网站标准也分 3 方面：结构化标准语言，主要包括_____和_____；表现标准语言，主要包括_____；行为标准，主要包括对象模型(如 W3C DOM)、ECMAScript 等。

(2) 在 CSS 布局的网页中，_____与_____都是常用的标签，利用这两个标签，加上 CSS 对其样式的控制，可以很方便地实现网页的布局。

2. 简答题

为什么要建立 Web 标准？

第 16 章 CSS 盒子模型

【学习目标】

盒子模型是 CSS 控制页面时一个很重要的概念。只有很好地掌握了盒子模型以及其中每个元素的用法，才能真正地控制好页面中的各个元素。一个页面由很多这样的盒子组成，这些盒子之间会互相影响。CSS 盒子模型本质上是一个盒子，封装周围的 HTML 元素，它包括边距、边框、填充和实际内容。盒子模型允许我们在其他元素和周围元素边框之间的空间放置元素。

本章主要内容包括：

(1) 盒子与模型的概念；

(2) 边框 border；

(3) 设置内边距 padding；

(4) 设置外边距 margin；

(5) 掌握盒子的浮动与定位。

16.1 "盒子"与"模型"的概念

在网页布局中，为了能够在纷繁复杂的各个部分合理地进行组织，这个领域的一些有识之士对它的本质进行充分研究后，总结了一套完整的、行之有效的原则和规范，这就是"盒子模型"。

所有页面中的元素都可以看成一个盒子，占据着一定的页面空间。一般来说，这些被占据的空间往往都要比单纯的内容大。换句话说，可以通过调整盒子的边框和距离等参数，来调节盒子的位置和大小。如图 16-1 所示，在 CSS 中一个独立的盒子模型由 content(内容区)、padding(内边距)、border(边框)和 margin(外边距)4 部分组成。

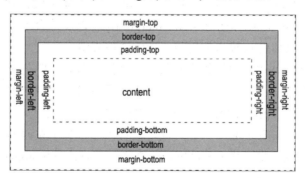

图 16-1 盒子模型

1．内容区

内容区是盒子模型的中心，它呈现了盒子的主要信息内容，这些内容可以是文本、图片等多种类型。内容区是盒子模型必备的组成部分，其他的 3 部分都是可选的。内容区有 3 个属性：width、height 和 overflow。使用 width 和 height 属性可以指定盒子内容区的高度和宽度，其值可以是长度值或百分比值。

当内容信息太多，超出内容区所占范围时，可以使用 overflow 溢出属性来指定处理方法。当 overflow 属性值为 hidden 时，溢出部分将不可见；为 visible 时，溢出的内容信息可见，只是被呈现在盒子的外部；当为 scroll 时，滚动条将被自动添加到盒子中，用户可以通过滚动显示内容信息；当为 auto 时，将由浏览器决定如何处理溢出部分。

2．内边距

内边距是内容区和边框之间的空间，可以看作是内容区的背景区域。内边距的属性有 5 种，即 padding-top、padding-bottom、padding-left、padding-right 以及综合了以上 4 种方向的快捷内边距属性 padding。使用这 5 种属性可以指定内容区与各方向边框间的距离。同时通过对盒子背景色属性的设置可以使内边距部分呈现相应的颜色，起到一定的边线效果。

3．边框

边框的属性有 border-style、border-width、border-color 以及综合了以上 3 类属性的快捷边框属性 border。

边框样式属性 border-style 是边框最重要的属性，CSS 规定了 dotted、solid 等边框样式。使用边框宽度属性 border-width 可以为边框指定具体的厚度，其属性值可以是长度计量值，也可以是 CSS 规定的 thin、medium 和 thick。使用边框颜色属性可以为边框指定相应的颜色，其属性值可以是 RGB 值，也可以是 CSS 规定的颜色名。

4．外边距

外边距位于盒子的最外围，它不是一条边线而是添加在边框外面的空间。外边距使元素盒子之间不必紧凑地连接在一起，是 CSS 布局的一个重要手段。外边距的属性有 5 种，即 margin-top、margin-bottom、margin-left、margin-right 以及综合了以上 4 种方向的快捷外边距属性 margin，其具体的设置和使用与内边距属性类似。

同时，CSS 允许给外边距属性指定负数值，当指定负外边距值时，整个盒子将向指定负值方向的相反方向移动，以此可以产生盒子的重叠效果。采用指定外边距正负值的方法可以移动网页中的元素，这是 CSS 布局技术中的一个重要方法。

盒子模型的概念：所有页面中的元素都可以看作一个装了东西的盒子，盒子里面的内容到盒子的边框之间的距离即填充(padding)，盒子本身有边框(border)，而盒子边框外和其他盒子之间，还有边界(margin)。

一个盒子由 4 个独立部分组成，如图 16-2 所示。

最外面的是边界(margin)。

第二部分是边框(border)，边框可以有不同的样式。

第三部分是填充(padding)，填充用来定义内容区域与边框(border)之间的空白。

第四部分是内容区域。

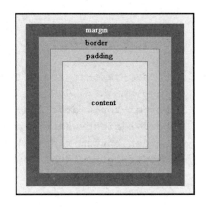

图 16-2　盒子模型图

填充、边框和边界都分为"上、右、下、左"4 个方向，既可以分别定义，也可以统一定义。当使用 CSS 定义盒子的 width 和 height 时，定义的并不是内容区域、填充、边框和边界所占的总区域，实际上定义的是内容区域 content 的 width 和 height。为了计算盒子所占的实际区域，必须加上 padding、border 和 margin。

实际宽度=左边界+左边框+左填充+内容宽度(width)+右填充+右边框+右边界

实际高度=上边界+上边框+上填充+内容高度(height)+下填充+下边框+下边界

16.2　边框：border

边框有 3 个属性：一是边框宽度属性，用于设置边框的宽度；二是边框颜色，用于设置边框的颜色；三是边框样式，用于控制边框的样式。

16.2.1　边框宽度：border-width

设置对象的上边框、右边框、下边框和左边框的宽度。

基本语法：

```
border-width : medium | thin | thick | length;
```

语法说明：

medium：默认宽度。

thin：小于默认宽度。

thick：大于默认宽度。

length：由浮点数字和单位标识符组成的长度值，不可为负值。

实例代码：

```
<!doctype html>
<html>
<head>
<meta charset="utf-8">
<title>无标题文档</title>
</head>
<head>
<style type="text/css">
```

```
.b {
border-top-style: dashed;
border-right-style: dashed;
border-bottom-style: dotted;
border-left-style: solid;
line-height: 20px;
border-top-width: 2px;
border-right-width: 2px;
border-bottom-width: 1px;
border-left-width: 2px;
}
</style>
</head>
<body class="b">
边框宽度
边框宽度
边框宽度
</body>
</html>
```

加粗部分的代码分别用来设置上、右、下、左边框的宽度，在浏览器中预览效果，如图 16-3 所示。

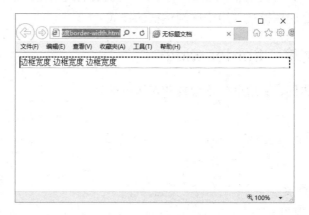

图 16-3　设置边框宽度

16.2.2　边框颜色：border-color

边框颜色属性 border-color 用来定义元素边框的颜色。

基本语法：

```
border-color:颜色值
border-top-color:颜色值
border-right-color:颜色值
border-bottom-color:颜色值
border-left-color:颜色值
```

语法说明：

border-top-color、border-right-color、border-bottom-color 和 border-left-color 属性分别用来设置上、右、下、左边框的颜色，也可以使用 border-color 属性来统一设置 4 个边框的颜色。

下面通过实例讲述 border-color 属性的使用，其 CSS 代码如下。

实例代码：

```
<!doctype html>
<html>
<head>
<meta charset="utf-8">
<title>border-color 实例</title>
<style type="text/css">
p.three
{border-style: solid;
border-color: #BB05C0 #00ff00 #0000ff}
p.four
{border-style: solid;
border-color: #ff0000 #00ff00 #0000ff rgb(250,0,255)}
</style>
</head>
<body>
<p class="three">3 个颜色边框!</p>
<p class="four">4 个颜色边框!</p>
</body>
</html>
```

在浏览器中浏览可以看到，使用 border-color 设置了不同颜色的边框，如图 16-4 所示。

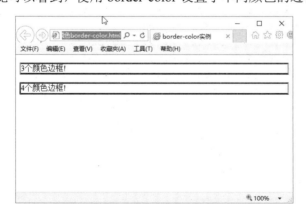

图 16-4　border-color 实例效果

16.2.3　边框样式：border-style

使用边框样式属性可以定义边框的风格样式，这个属性必须用于指定可见的边框。可以分别设置上边框样式 border-top-style、下边框样式 border-bottom-style、左边框样式 border-left-style 和右边框样式 border-right-style。

基本语法：

```
border-style : none | hidden | dotted | dashed | solid | double | groove |
ridge | inset | outset
```

语法说明：

none：无边框。与任何指定的 border-width 值无关。

hidden：隐藏边框。IE 不支持。

dotted：在 Mac 平台上 IE4+与 Windows 和 UNIX 平台上 IE5.5+为点线，否则为实线。

dashed：在 Mac 平台上 IE4+与 Windows 和 UNIX 平台上 IE5.5+为虚线，否则为实线。

solid：实线边框。

double：双线边框。两条单线与其间隔的和等于指定的 border-width 值。

groove：根据 border-color 的值画 3D 凹槽。

ridge：根据 border-color 的值画菱形边框。

inset：根据 border-color 的值画 3D 凹边。

outset：根据 border-color 的值画 3D 凸边。

实例代码：

```
<!doctype html>
<html>
<head>
<meta charset="utf-8">
<title>CSS border-style 属性示例 </title>
        <style type="text/css" media="all">
            div#dotted { border-style: dotted;}
            div#dashed{ border-style: dashed;}
            div#solid{ border-style: solid;}
            div#double{ border-style: double;}
            div#groove{ border-style: groove;}
            div#ridge{ border-style: ridge; }
            div#inset{ border-style: inset;}
            div#outset{ border-style: outset;}
            div#none{ border-style: none;}
            div{    border-width: thick;
                border-color: red;
                margin: 2em;}
        </style>
    </head>
<body>
            <div id="dotted">border-style 属性 dotted(点线边框)</div>
            <div id="dashed">border-style 属性 dashed(虚线边框)</div>
            <div id="solid">border-style 属性 solid(实线边框)</div>
            <div id="double">border-style 属性 double(双实线边框)</div>
            <div id="groove">border-style 属性 groove(3D 凹槽) </div>
```

```
        <div id="ridge">border-style 属性 ridge(3D凸槽) </div>
        <div id="inset">border-style 属性 inset(边框凹陷) </div>
        <div id="outset">border-style 属性 outset(边框凸出) </div>

        <div id="none">border-style 属性 none(无样式)</div>
    </body>
</html>
```

在浏览器中浏览，可以看到使用 border-style 设置了不同的边框样式效果，如图 16-5 所示。

图 16-5　border-style 实例

16.3　设置内边距：padding

padding 为简写属性，表示在一个声明中设置所有内边距。这个简写属性设置元素所有内边距的宽度，或者设置各边上内边距的宽度。

16.3.1　顶部属性：padding-top

该 CSS 属性用来设定上间隙的宽度。

基本语法：

```
padding-top: 边距值;
```

语法说明：

该属性设置元素上内边距的宽度。行内非替换元素上设置的上内边距不会影响行高计算，因此，如果一个元素既有内边距又有背景，从视觉上看可能延伸到其他行，有可能还会与其他内容重叠。不允许指定负内边距值。

实例代码:

```
<!doctype html>
<html>
<head>
<meta charset="utf-8">
<title>无标题文档</title>
<style type="text/css">
td {padding-top: 3cm}
</style>
</head>
<body>
<table border="2">
<tr>
<td>
 表格上内边距为 3
</td>
</tr>
</table>
</body>
</html>
```

加粗部分的代码用来设置上内边距,在浏览器中预览,效果如图 16-6 所示。

图 16-6　设置上内边距效果

16.3.2　右侧属性:padding-right

该 CSS 属性用来设定右间隙的宽度。

基本语法:

```
padding-right : 边距值;
```

语法说明:

该属性设置元素右内边距的宽度。行内非替换元素上设置的右内边距仅在元素所生成的第一个行内框的右边出现。

实例代码：

```
<!doctype html>
<html>
<head>
<meta charset="utf-8">
<title>无标题文档</title>
<style type="text/css">
td{padding-right: 50%}
</style>
</head>
<body>
<table border="2">
<tr>
<td>
  右内边距。
</td>
</tr>
</table>
</body>
</html>
```

加粗部分的代码是设置间距为 50%，在浏览器中预览效果如图 16-7 所示。

图 16-7　设置右内边距效果

16.3.3　底部属性：padding-bottom

padding-bottom 属性设置元素的下内边距(底部空白)。

基本语法：

```
padding-bottom : 边距值;
```

语法说明：

该属性设置元素下内边距的宽度。行内非替换元素上设置的下内边距不会影响行高计算，因此，如果一个元素既有内边距又有背景，从视觉上看可能延伸到其他行，有可能还会与其他内容重叠。不允许指定负内边距值。

实例代码：

```
<!doctype html>
<html>
<head>
<meta charset="utf-8">
<title>无标题文档</title>
<style type="text/css">
td {padding-bottom: 3cm}
</style>
</head>
<body>
<table border="1">
<tr>
<td>
下内边距。
</td>
</tr>
</table>
</body>
</html>
```

加粗部分的代码是设置底部内边距，在浏览器中预览效果如图 16-8 所示。

图 16-8　设置下内边距效果

16.3.4　左侧属性：padding-left

padding-left 属性设置元素左内边距(空白)。

基本语法：

```
padding-left : 边距值;
```

语法说明：

该属性设置元素左内边距的宽度。行内非替换元素上设置的左内边距仅在元素所生成的第一个行内框的左边出现。

实例代码：

```
<!doctype html>
<html>
<head>
<meta charset="utf-8">
<title>无标题文档</title>
<style type="text/css">
td {padding-left: 2cm}
</style>
</head>
<body>
<table border="1">
<tr>
<td>
左内边距。
</td>
</tr>
</table>
</body>
</html>
```

加粗部分的代码是设置左内边距，在浏览器中预览效果如图 16-9 所示。

图 16-9　设置左内边距效果

16.4　设置外边距：margin

margin 简写属性设置一个元素所有外边距的宽度，或者设置各边上外边距的宽度。块级元素的垂直相邻外边距会合并，而行内元素实际上不占上下外边距。行内元素的左右外边距不会合并。同样，浮动元素的外边距也不会合并。允许指定负的外边距值，不过使用时要小心。

16.4.1 顶部边界属性：margin-top

上边界 margin-top 属性可以通过指定的长度或百分比值来设置元素的上边界。

基本语法：

```
margin-top: 边距值
```

语法说明：

该属性设置元素上外边距的宽度。行内非替换元素上设置的上外边距不会影响行高计算，因此，如果一个元素既有外边距又有背景，从视觉上看可能延伸到其他行，有可能还会与其他内容重叠。不允许指定负外边距值。

实例代码：

```
<!doctype html>
<html>
<head>
<meta charset="utf-8">
<title>无标题文档</title>
<style type="text/css">
p.topmargin {margin-top: 4cm}
</style>
</head>
<body>
<p class="topmargin">上边距</p>
</body>
</html>
```

加粗部分的代码是设置带有指定上外边距，在浏览器中预览效果，如图 16-10 所示。

图 16-10　设置上外边距效果

16.4.2　右侧边界属性：margin-right

margin-right 属性设置元素的右外边距。

基本语法：

```
margin-right: 边距值
```

语法说明：

检索或设置对象的右外边距。

实例代码：

```
<!doctype html>
<html>
<head>
<meta charset="utf-8">
<title>无标题文档</title>
<style type="text/css">
p.rightmargin {margin-right: 8cm}
</style>
</head>
<body>
<p>这个段落没有指定外边距。</p>
<pclass="rightmargin">这个段落带有指定的右外边距。这个段落带有指定的右外边距。这个
段落带有指定的右外边距。
</body>
</html>
```

加粗部分的代码是设置右外边距，在浏览器中预览，效果如图 16-11 所示。

图 16-11　设置右外边距效果

16.4.3　底部边界属性：margin-bottom

margin-bottom 属性设置元素的下外边距。

基本语法：

```
margin-bottom:边距值
```

语法说明：

检索或设置对象底部外边距。

实例代码：

```
<!doctype html>
<html>
<head>
<meta charset="utf-8">
<title>无标题文档</title>
<style type="text/css">
p.bottommargin {margin-bottom: 2cm}
</style>
</head>
<body>
<p>没有指定外边距。</p>
<p class="bottommargin">带有指定的下外边距。</p>
<p>没有指定外边距。</p>
</body>
</html>
```

加粗的代码是设置底部的外边距，在浏览器中预览效果如图 16-12 所示。

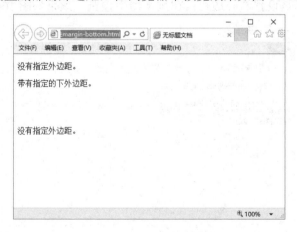

图 16-12　设置底部外边距

16.4.4　左侧边界属性：margin-left

margin-left 属性设置元素的左外边距。

基本语法:

```
margin-left ：边距值
```

语法说明:

检索或设置对象左外边距。

实例代码:

```
<!doctype html>
<html>
<head>
<meta charset="utf-8">
<title>无标题文档</title>
<style type="text/css">
p.leftmargin {margin-left: 2cm}
</style>
</head>
<body>
<p>没有指定外边距。</p>
<p class="leftmargin">带有指定的左外边距。</p>
</body>
</html>
```

加粗部分的代码是设置左外边距，在浏览器中预览效果如图 16-13 所示。

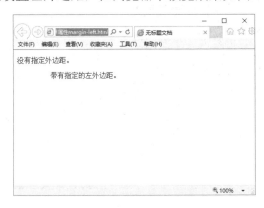

图 16-13　设置左外边距

本 章 小 结

网页设计中常听的属性名：内容(content)、填充(padding)、边框(borde)、边界(margin)，CSS 盒子模型都具备这些属性。对于这些属性，我们可以用日常生活中的常见事物——盒子作一个比喻来理解，所以叫它盒子模型。CSS 盒子模型就是在网页设计中经常用到的 CSS 技术所使用的一种思维模型。盒子模型是 CSS 控制页面的基础，学习完本章之后，读者应能够清楚地理解盒子的含义以及盒子的组成。

练 习 题

1. 填空题

(1) 边框样式属性 border-style 是边框最重要的属性，CSS 规定了_____、_____等边框样式。

(2) _____简写属性在一个声明中设置所有内边距属性。这个简写属性设置元素所有内边距的宽度，或者设置各边上内边距的宽度。

(3) 边框有 3 个属性：一是边框宽度属性，用于设置边框的宽度；二是_____，用于设置边框的颜色；三是边框样式，用于控制边框的样式。

2. 操作题

设置边框效果，如图 16-14 所示。

图 16-14　设置边框效果

第 17 章　盒子的浮动与定位

【学习目标】

在用 CSS 控制排版的过程中，定位一直被认为是一个难点，这主要表现在很多网友在没有深入理解定位的原理时，排出来的杂乱网页常让他们不知所措，而另一边一些高手则常常借助定位的强大功能做出很酷的效果来，比如 CSS 相册等，因此，自己杂乱的网页与高手完美的设计形成鲜明对比，这在一定程度上打击了初学者定位的朋友。

其实 CSS 排版并不难，只要了解了盒子的浮动和定位知识后，就能轻易地排出美观的网页了。

本章主要内容包括：

(1) 盒子的浮动；

(2) 元素的定位；

(3) 盒子的定位；

(4) z-index 空间位置。

17.1　盒子的浮动

float 是 CSS 的定位属性。在传统的印刷布局中，文本可以按照需要围绕图片，一般把这种方式称为"文本环绕"。在网页设计中，应用了 CSS 的 float 属性的页面元素就像在印刷布局里面的被文字包围的图片一样。

17.1.1　元素的浮动属性：float

浮动属性是 CSS 布局的最佳利器，可以通过不同的浮动属性值灵活地定位 div 元素，以达到灵活布局网页的目的。我们可以通过 CSS 的属性 float 令元素向左或向右浮动。也就是说，令盒子及其中的内容浮动到文档的右边或者左边。以往这个属性总应用于图像，使文本围绕在图像周围，不过在 CSS 中，任何元素都可以浮动。浮动元素会生成一个块级框，而不论它本身是何种元素。

基本语法：

```
float: none | left | right | inherit;
```

语法说明：

none：是默认值，元素不浮动，并会显示其在文本中出现的位置；

left：表示元素向左浮动；

right：表示元素向右浮动；

inherit：规定应该从父元素继承 float 属性的值，IE8 及以下的版本目前都不支持属性值 inherit。

实例代码：

浮动的性质比较复杂，下面通过一个简单的实例讲述 float 属性的使用，其代码如下。

```html
<!doctype html>
<html>
<head>
<meta charset="utf-8">
    <title>float 属性---没有设置任何浮动</title>
<style type="text/css">
body{
    margin:20px;
    font-family:Arial; font-size:14px;
    }
#father{
    background-color:#33bb00;
    border:5px solid #111111;
    padding:8px;
    }
#father div{
    padding:15px;
    margin:15px;
    border:2px dashed #111111;
    background-color:#90baff;
    }
#father p{
    border:3px dashed #111111;
    background-color:#FFCC66;
    }
.son1{
/* 这里设置son1 的浮动方式*/
}
.son2{
/* 这里设置son2 的浮动方式*/
}
.son3{
/* 这里设置son3 的浮动方式*/
}
</style>
</head>
<body>
    <div id="father">
        <div class="son1">box1</div>
```

```
    <div class="son2">box2</div>
    <div class="son3">box3</div>
<p>夏去冬来，寒风依旧，是谁使得童心不再单纯，是谁给了谁心灵一分寄托，又是谁融化了谁内心
深处的冰墙。随着春去春又来，伴着花谢花又开，在乡间错乱的花田里，是谁用话语情深的彩笔，
勾勒出唯美一世的回忆。</p>
    </div>
</body>
</html>
```

上面的代码定义了 4 个<div>块，其中一个父块，另外 3 个是它的子块。为了便于观察，将各个块都加上了边框以及背景颜色，并且让<body>以及各个<div>有一定的 margin 值。

如果 3 个<div>都没有设置任何浮动属性，在父盒子中，4 个盒子各自向右伸展，竖直方向依次排列，效果如图 17-1 所示。

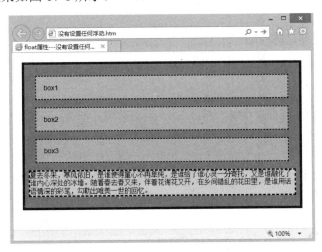

图 17-1　没有设置任何浮动时的效果

1. 设置第 1 个浮动的<div>

下面将第一个<div>设置为浮动，在上面的代码中找到：

```
.son1{
/* 这里设置 son1 的浮动方式*/
}
```

将.son1 盒子设置为向左浮动，代码如下：

```
.son1{
/* 这里设置 son1 的浮动方式*/
float:left;
}
```

这时效果如图 17-2 所示。可以看到 box2 的文字围绕着 box1 排列，而此时浮动的盒子 box1 的宽度不再延伸，其宽度为容纳内容的最小宽度。

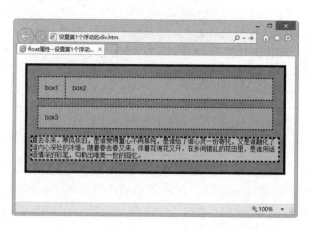

图 17-2　设置第 1 个<div>浮动时的效果

2．设置第 2 个浮动的<div>

下面把第 2 个浮动的<div>设为 left，将.son2 盒子设置为向左浮动，代码如下：

```
.son2{
/* 这里设置 son2 的浮动方式*/
float:left;
}
```

这时浏览效果如图 17-3 所示。可以看到 box2 也变为根据内容确定宽度，并使 box3 的文字围绕 box2 排列。box1 与 box2 之间的空间是由二者之间的 margin 构成的。

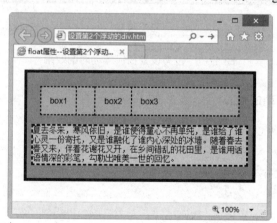

图 17-3　设置前两个<div>浮动时的效果

3．设置第 3 个浮动的<div>

下面把 box3 也设置为左浮动，将.son3 盒子设置为向左浮动，代码如下：

```
.son3{
/* 这里设置 son3 的浮动方式*/
```

```
float:left;
}
```

这时效果如图 17-4 所示。可以看到文字所在的盒子范围以及文字会围绕浮动的盒子排列。

图 17-4 设置 3 个<div>浮动

4．改变浮动的方向

CSS 中很多时候会用到浮动来布局，也就是经常见到的 float:left 或者 float:right，下面看看改变 box3 浮动方向，即 float:right，这时效果如图 17-5 所示。可以看到 box3 移动到了最右端，文字段落盒子的范围没有改变，但文字变成了夹在 box2 和 box3 之间。

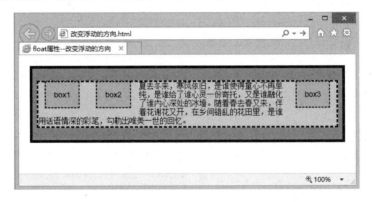

图 17-5 改变浮动的方向

提示： 应用 Web 标准构建网页以后，float 属性是布局中非常重要的属性，我们常常通过对<div>元素应用 float 来进行布局，不但对整个版式进行规划，也可以对一些基本元素如导航等进行排列。

17.1.2 清除浮动属性：clear

float 属性也被称为浮动属性，对前面的<div>元素设置浮动属性后，当前面的 div 元素留有足够的空白宽度时，后面的<div>元素将自动流上来，和前面的<div>元素并列于一行。

为了更加灵活地定位<div>元素，CSS 提供了 clear 属性，中文意思即为"清除"。clear 属性的值有 none、left、right 和 both，默认值为 none。当多个块状元素由于第 1 个设置浮动属性而并列时，如果某个元素不需要被"流"上去，即可设置相应的 clear 属性。

基本语法：

```
Clear: none | left | right | both
```

语法说明：

none：表示允许两边都可以有浮动对象，是默认值；

left：表示不允许左边有浮动对象；

right：表示不允许右边有浮动对象；

both：表示不允许有浮动对象。

实例代码：

使用 clear 属性可以让元素边上不出现其他浮动元素。下面通过一个简单的实例讲述 clear 属性的使用，其代码如下。

```html
<!doctype html>
<html>
<head>
<meta charset="utf-8">
<title>清除浮动属性 clear</title>
<style type="text/css">
.lefttext{
    float: left;
    height: 180px;
    width: 170px;
    border: 1px solid #b1d1ce;
    background-color: #5ae047;
}
.foottext{
    height: 180px;
    width: 170px;
    border: 1px solid #b1d1ce;
    background-color: #f3e13a;
}
.clear
{
    clear:both;
}
</style>
</head>
<body>
<div class="lefttext">区块 1</div>
```

```
<div class="lefttext">区块 2</div>
<div class="clear"></div>
<div class="foottext">区块 3</div>
</body>
</html>
```

如果没有 clear 这一层，"区块 3"会紧接区块 2 并列在同一行。加了 clear 这一层后，会把上面的浮动<div>的影响清除，使其不至影响下面<div>的布局，浏览效果如图 17-6 所示。

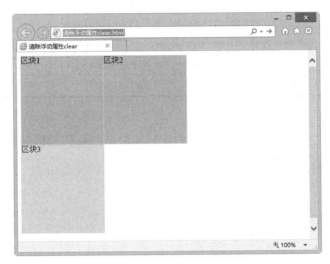

图 17-6　clear 属性

17.2　元素的定位

position 定位与 float 一样，也是 CSS 排版中非常重要的概念。定位允许用户精确定义元素框出现的相对位置，可以相对于它通常出现的位置，相对于其上级元素，相对于另一个元素，或者相对于浏览器窗口本身。

17.2.1　元素的定位属性：position

在 CSS 布局中，position 属性非常重要，很多特殊容器的定位必须用 position 来完成。通过使用 position 属性，我们可以选择 4 种不同类型的定位。

基本语法：

```
position: static | absolute | fixed | relative
top: auto | 长度值 | 百分比
right: auto | 长度值 | 百分比
bottom: auto | 长度值 | 百分比
left: auto | 长度值 | 百分比
```

语法说明：

从上面语法可以看出，定位的方法有很多种，它们分别是静态(static)、绝对定位(absolute)、固定(fixed)和相对定位(relative)，其具体功能见表 17-1。

表 17-1 position 的属性及其功能说明

属　　性	功能说明
absolute	生成绝对定位的元素，相对于 static 定位以外的第一个父元素进行定位。元素的位置通过 left、top、right 以及 bottom 属性进行规定
fixed	生成固定定位的元素，相对于浏览器窗口进行定位。元素的位置通过 left、top、right 以及 bottom 属性进行规定
relative	生成相对定位的元素，相对于其正常位置进行定位
static	默认值。没有定位，元素出现在正常的流中

实例代码：

下面通过具体实例对 position 属性的使用方法做一个概述，其代码如下。

```
<!doctype html>
<html>
<head>
<meta charset="utf-8">
<title>position 定位</title>
</head>
<style>
.box{
width:250px; height:250px;
position:absolute; top:150px; left:50px;
background: #6Cffff; font-family: "宋体"; color:# 030000
}
</style>
<body>
<div class="box">这里的 box 在设置了 position:absolute 后，是以 body 的左上角为原始点定位的。</div>
</body>
</html>
```

代码加粗的部分，使用 position:absolute 设置为绝对定位，并且设置距离左侧 50px，距离顶部 150px。这里的 box 在设置了 position:absolute 后，是以 body 的左上角为原始点定位的，如图 17-7 所示。

图 17-7　position 定位

17.2.2　上边偏移属性 top、下边偏移属性 bottom

通过 top 属性来设置上边偏移属性，通过 bottom 属性来设置下边偏移属性。

基本语法：

```
position: absolute | fixed | relative
top: auto | 长度值 | 百分比
bottom: auto | 长度值 | 百分比
```

语法说明：

top、botton 属性只有当 position 属性设置为 absolute、fixed、relative 时才有效，而且在 position 属性取值不同时，它们的含义也不同。top 和 bottom 属性值除了可以设置为绝对的像素值外，还可以设置为百分数。

实例代码：

```
<!doctype html>
<html>
<head>
<meta charset="utf-8">
<style type="text/css">
h2.pos_top
{position:absolute;
top:20px;}
h2.pos_bottom
{position:absolute;
bottom:20px}
</style>
<title>上边偏移属性 top、下边偏移属性 bottom</title>
</head>
```

```
<body>
<h2> </h2>
<h2> </h2>
<h2>这是位于正常位置的标题</h2>
<h2 class="pos_top">top:20px;设置标题距离顶部 20px</h2>
<p> </p>
<h2 class="pos_bottom">bottom:20px;设置标题距离底部 20px</h2>
</body>
</html>
```

top:20px;表示设置标题距离顶部 20px，bottom:20px;表示设置标题距离底部 20px，如图 17-8 所示。

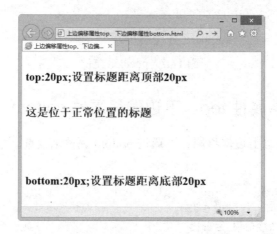

图 17-8　上边偏移属性 top、下边偏移属性 bottom

17.2.3　左边偏移属性 left、右边偏移属性 right

通过 left 属性可以设置左边偏移属性，通过 right 属性可以设置右边偏移属性。

基本语法：

```
position: static | absolute | fixed | relative
left: auto | 长度值 | 百分比
right: auto | 长度值 | 百分比
```

语法说明：

left、right 属性只有当 position 属性设置为 absolute、fixed、relative 时才有效，而且在 position 属性取值不同时，它们的含义也不同。left 和 right 属性值除了可以设置为绝对的像素值外，还可以设置为百分数。

实例代码：

```
<!doctype html>
<html>
<head>
```

```
<meta charset="utf-8">
<style type="text/css">
.img1
{
    position:absolute;
    left:100px;
    }
.img2
{
position:absolute;
right:100px;
}
</style>
<title>左边偏移属性 left、右边偏移属性 right</title>
<body>
<img src="2.jpg" class="img1" width="230" height="156" >
    
<img src="1.jpg" class="img2"  width="169" height="196" >
</body>
</html>
```

上面的代码首先使用 left:100px;和 right:100px;分别定义了 img1 和 img2 的样式，使图像分别距离左边 100px 和距离右边 100px，在浏览器中效果如图 17-9 所示。

图 17-9　左边偏移属性 left、右边偏移属性 right

17.3　盒子的定位

CSS 定位令你可以将一个元素精确地放在页面上所指定的地方。联合使用定位与浮动，能够创建多种高级而精确的布局。定位的方法有很多种，它们分别是绝对定位(absolute)、固定定位(fixed)、相对定位(relative)和静态定位(static)。

17.3.1　绝对定位：absolute

当容器的 position 属性值为 absolute 时，这个容器即被绝对定位了。绝对定位在几种定位方法中使用最广泛，这种方法能够很精确地将元素移动到你想要的位置。使用绝对定位的容器的前面的或者后面的容器会认为这个层并不存在，即这个容器浮于其他容器上，它是独立出来的，所以 position:absolute 用于将一个元素放到固定的位置非常方便。

如果对容器设置了绝对定位，默认情况下，容器将紧挨着其父容器对象的左边和顶边，即父容器对象左上角。

基本语法：

```
position: absolute
left: auto | 长度值 | 百分比
right: auto | 长度值 | 百分比
top: auto | 长度值 | 百分比
bottom: auto | 长度值 | 百分比
```

语法说明：

通过 left、right、top、bottom 等属性与 margin、padding、border 进行绝对定位，绝对定位的元素可以有边界，但这些边界不压缩。定位的方法为在 CSS 中设置容器的 top(顶部)、bottom(底部)、left(左边)和 right(右边)的值，这 4 个值的参照对象是浏览器的 4 条边。

实例代码：

下面通过实例分析绝对定位方式的使用，其代码如下。

```
<!doctype html>
<html>
<head>
<meta charset="utf-8">
<title>absolute 属性</title>
<style type="text/css">
body{
    margin:15px;
    font-family:Arial;
    font-size:12px;
}
#father{
    background-color:#FF9933;
    border:2px dashed #000000;
    padding:25px;
}
#father div{
    background-color:#66CC66;
    border:2px dashed #000000;
    padding:10px;
```

```
    }
#block2{
}
</style>
</head>
<body>
    <div id="father">
        <div >box1</div>
        <div id="block2">box2</div>
        <div >box3</div>
    </div>
</body>
</html>
```

这里 3 个 div 都没有设置绝对定位，可以看到一个父<div>里面有 3 个<div>，都是以标准流方式排列，效果如图 17-10 所示。

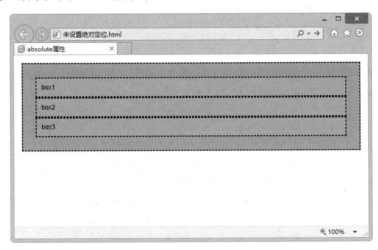

图 17-10　未设置绝对定位的效果

下面使用绝对定位方式，在代码中找到对#block2 的 CSS 设置位置，目前它是空的，下面把它改为如下代码：

```
#block2{
    position:absolute;
    top:0;
    right:0;
}
```

这里将 box2 的定位方式改为绝对定位 absolute，此时效果如图 17-11 所示。这时是以浏览器窗口作为定位基准的。此外，该<div>会彻底脱离标准流，box3 会紧挨着 box1，就好像没有 box2 一样。

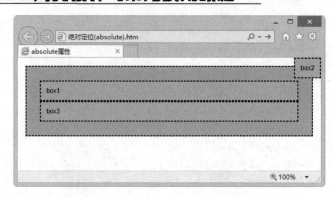

图 17-11　将中间的 div 设置为绝对定位

下面将 block2 的设置改为如下：

```
#block2{
    position:absolute;
    top:100;
    right:100;
}
```

这时的效果如图 17-12 所示，以浏览器为基准，从左上角开始向下和向左各移动 100px，得到图中的效果。

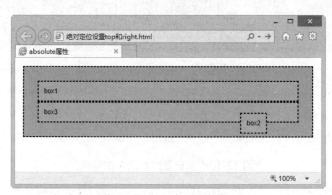

图 17-12　设置偏移后的效果

17.3.2　固定定位：fixed

当容器的 position 属性值为 fixed 时，这个容器即被固定定位了。固定定位和绝对定位非常类似，不过被定位的容器不会随着滚动条的拖动而变化位置。在视野中，固定定位的容器的位置是不会改变的。

基本语法：

```
position: fixed
left: auto | 长度值 | 百分比
right: auto | 长度值 | 百分比
```

```
top: auto | 长度值 | 百分比
bottom: auto | 长度值 | 百分比
```

语法说明：

定位的方法为在 CSS 中设置容器的 top(顶部)、bottom(底部)、left(左边)和 right(右边)的值，这 4 个值的参照对象是浏览器的 4 条边。

实例代码：

```
<!doctype html>
<html>
<head>
<meta charset="utf-8">
<title>CSS 固定定位</title>
<style type="text/css">
*{margin: 0px;
padding:0px;}
#all{
    width:400px;
    height:400px;
    background-color:#FC3000;
}
#fixed{
    width:100px;
    height:100px;
    border:15px outset #f00000;
    background-color:#9c9000;
    position:fixed;
    top:30px;
    left:10px;
}
</style>
</head>
<body>
<div id="all">
<div id="fixed">固定的容器</div>
</div>
</body>
</html>
```

浏览效果如图 17-13 所示。可以尝试拖动浏览器的垂直滚动条，固定容器不会有任何位置改变。

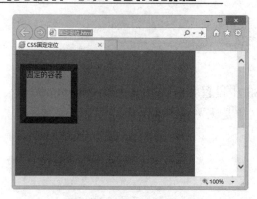

图 17-13　固定定位方式

17.3.3　相对定位：relative

采用相对定位的元素，其位置是相对于它在文档中的原始位置计算而来的。这意味着，相对定位是通过将元素从原来的位置向右、向左、向上或向下移动来定位的。采用相对定位的元素会获得相应的空间。

基本语法：

```
position: relative
left: auto | 长度值 | 百分比
right: auto | 长度值 | 百分比
top: auto | 长度值 | 百分比
bottom: auto | 长度值 | 百分比
```

语法说明：

当容器的 position 属性值为 relative 时，这个容器即被相对定位了。相对定位和其他定位相似，也是独立出来浮在上面。不过相对定位的容器的 top(顶部)、bottom(底部)、left(左边)和 right(右边)属性参照对象是其父容器的 4 条边，而不是浏览器窗口，并且相对定位的容器浮上来后，其所占的位置仍然留有空位，后面的无定位容器仍然不会"挤"上来。

实例代码：

```
<!doctype html>
<html>
<head>
<meta charset="utf-8">
<title>CSS 相对定位</title>
<style type="text/css">
*{margin: 0px;
padding:0px;}
#all{
    width:600px;
    height:400px;
    background-color:#CC6;
```

```
}
#relative{
    width:120px;
    height:80px;
    border:10px ridge #f00;
    background-color:#9c9;
    position:relative;
    top:10px;
    left:200px;
}
#a,#b{
    width:200px;
    height:120px;
    background-color:#F9F;
    border:3px outset #000;
}
</style>
</head>
<body>
<div id="all">
<div id="a">第 1 个无定位的 div 容器</div>
<div id="relative">相对定位的容器</div>
<div id="b">第 2 个无定位的 div 容器</div>
</div>
</body>
</html>
```

这里给外部<div>设置了# CC6 背景色，并给内部无定位的<div>设置了#F9F 背景色，而相对定位的<div>容器设置了#9c9 背景色，并设置了 ridge 类型的边框。浏览效果如图 17-14 所示。

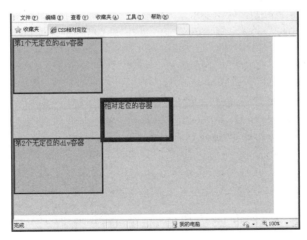

图 17-14　相对定位

相对定位的容器其实并未完全独立，浮动范围仍然在父容器内，并且其所占的空白位置仍然有效地存在于前后两个容器之间。

17.3.4　静态定位：static

如果没有指定 position 属性值，支持 position 属性的 HTML 对象都是默认为 static。static 是默认值，它表示块保持在原本应该在的位置，不会重新定位。通常此属性值可以不设置，除非是要覆盖之前的定义。

实例代码：

下面给出一个实例代码，没有设置任何 position 属性，相当于使用 static 方式定位，其代码如下。

```
<!doctype html>
<html>
<head>
<meta charset="utf-8">
<title>position 属性</title>
<style type="text/css">
body{
    margin:20px;
    font :Arial 12px;
}
#father{
    background-color:#FF9900;
    border:2px dashed #000000;
    padding:20px;
}
#block1{
    background-color:#FF99FF;
    border:1px dashed #000000;
    padding:10px;
}
</style>
</head>
<body>
    <div id="father">
        <div id="block1">box1</div>
    </div>
</body>
</html>
```

在浏览器中浏览，效果如图 17-15 所示，这是一个很简单的标准流方式的两层的盒子。

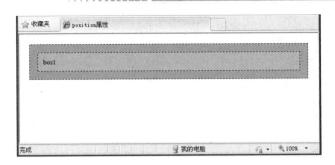

图 17-15　static 定位

17.4　z-index 空间位置

CSS 可以处理高度、宽度、深度 3 个维度。在前面的课程中，我们已经了解了前两个维度。在本课中，我们将学习如何令不同元素具有层次。简言之，就是关于元素堆叠的次序问题。

z-index 属性设置元素的堆叠顺序，拥有更高堆叠顺序的元素总是会处于堆叠顺序较低元素的前面。

基本语法：

```
z-index: auto | 数字;
```

语法说明：

z-index 属性的值为整数，可以为正数也可以为负数。当块被设置 position 时，该值便可设置各块之间的重叠高低关系，默认的 z-index 值为 0。auto 遵从其父对象的定位；数字必须是无单位的整数值，可以取负值。

实例代码：

```
<!doctype html>
<html>
<head>
<meta charset="utf-8">
<title>层叠顺序</title>
<style type="text/css">
<!--
.img {
    position:absolute;
    top: 25px;
    right: 20px;
    left: 25px;
    bottom: 20px;
    z-index: 1;
    width: 394px;
    height: 398px;
}
```

```
.text {
    font-size: 12px;
    position: absolute;
    top: 35px;
    right: 20px;
    left: 38px;
    bottom: 25px;
    z-index: 2;
    height: 130px;
}
-->
</style>
</head>
<body>
  <div><img src="images/bj.jpg" width="330" height="352" class="img"
/></div>
<div class="text">
  <p>尺寸：均码</p>
  <p>肩宽 36CM　胸围 86CM　裙长 87CM　袖长 60CM</p>
  <p>这款连衣裙部分下摆雪纺花在右边，此类不算质量问题。</p>
  <p>小店商品基本上都是现货销售，但是由于商品流动迅速和难以预测，难免会出现暂时的缺货断
码断色问题，所以请亲们拍前务必和掌柜联系询问是否有货；对于直接拍下付款但没有现货的情况，
掌柜会第一时间主动联系协商推迟发货或者退款问题。</p>
  <p><br>
</p>
</div>
</body>
</html>
```

此段代码中首先在<head></head>之间，用<style>定义了"img"标记中的 position 属性
为 absolute、z-index 为 1，表示默认最底层，定义了"text"标记中的 position 属性为 absolute、
z-index 为 2，然后分别对图像和段落文本应用"img"和"text"样式。由于图像的 z-index
是 1，因此它在文本的后面出现。在浏览器中预览效果，如图 17-16 所示。

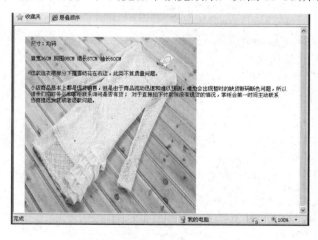

图 17-16　z-index 空间位置

本 章 小 结

CSS 中的盒子模型是为了让我们充分理解 DIV+CSS 模型的定位功能,就是利用盒子模型这样的布局方式代替了传统的表格布局方式,所以盒子模型是在学习 DIV+CSS 布局方式中必须要学习的一个模型,通过这个模型能够明白网页中<div>和<div>之间的相对位置是如何布局的。

练 习 题

1. 填空题

(1) 浮动属性是 CSS 布局的最佳利器,可以通过不同的浮动属性值灵活地定位<div>元素,以达到灵活布局网页的目的。我们可以通过 CSS 的属性_____令元素向左或向右浮动。也就是说,令盒子及其中的内容浮动到文档的右边或者左边。

(2) 为了更加灵活地定位<div>元素,CSS 提供了_____属性,中文意思即为"清除"。它的属性值有 none、left、right 和 both,默认值为 none。当多个块状元素由于第 1 个设置浮动属性而并列时,如果某个元素不需要被"流"上去,即可设置相应的 clear 属性。

(3) 在 CSS 布局中,position 属性非常重要,很多特殊容器的定位必须用 position 来完成。通过使用 position 属性,我们可以选择 4 种不同类型的定位,分别是_____、_____、_____和_____。

(4) 当容器的 position 属性值为_____时,这个容器即被相对定位了。相对定位和其他定位相似,也是独立出来浮在上面。

2. 操作题

使用定位属性创建如图 17-17 所示的页面效果。

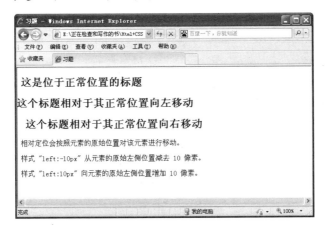

图 17-17　使用定位属性创建页面

第 18 章　CSS+DIV 布局方法

【学习目标】

　　CSS + DIV 是网站标准中常用的术语之一，CSS 和 DIV 的结构被越来越多的人采用，很多人都抛弃了表格而使用 CSS 来布局页面，它的好处很多；可以使结构简洁，定位更灵活，CSS 布局的最终目的是搭建完善的页面架构。利用 CSS 排版的页面，更新起来十分容易，甚至连页面的结构都可以通过修改 CSS 属性来重新定位。

　　本章主要内容包括：

　　(1)　CSS 布局理念；

　　(2)　固定宽度布局方法；

　　(3)　可变宽度布局方法；

　　(4)　CSS 布局与表格布局对比。

18.1　CSS 布局理念

　　无论使用表格还是 CSS，网页布局都是把大块的内容放进网页的不同区域里面。有了 CSS，最常用来组织内容的元素就是<div>标签。CSS 排版是一种很新的排版理念，首先要将页面使用<div>整体划分几个板块，然后对各个板块进行 CSS 定位，最后在各个板块中添加相应的内容。

　　在利用 CSS 布局页面时，首先要有一个整体的规划，包括整个页面分成哪些模块，各个模块之间的父子关系等。以最简单的框架为例，页面由导航条(banner)、主体内容(content)、菜单导航(links)和脚注(footer)几个部分组成，各个部分分别用自己的 id 来标识，如图 18-1 所示。

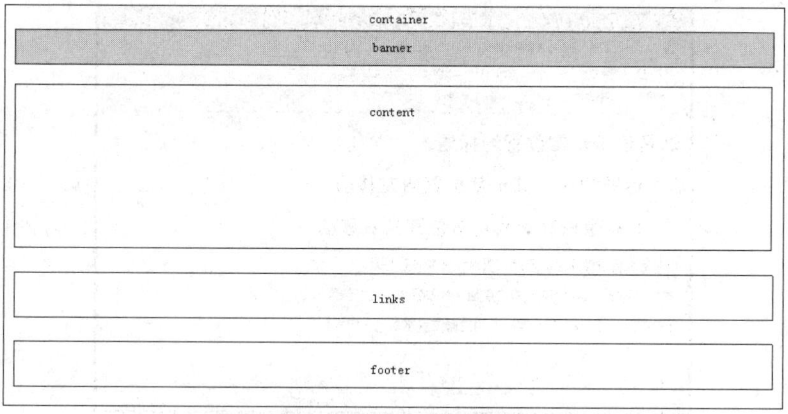

图 18-1　页面内容框架

其页面中的 HTML 框架代码如下所示。

```
<div id="container">container
<div id="banner">banner</div>
  <div id="content">content</div>
  <div id="links">links</div>
  <div id="footer">footer</div>
</div>
```

实例中每个板块都是一个<div>，这里直接使用 CSS 中的 id 来表示各个板块，页面的所有<div>块都属于 container，一般的<div>排版都会在最外面加上这个父<div>，便于对页面的整体进行调整。对于每个<div>块，还可以再加入各种元素或行内元素。

特别的，如果后期维护时希望 content 的位置与 links 对调，仅仅只需要将 content 和 links 属性中的 left 和 right 改变即可。这是传统的排版方式所不可能简单实现的，也正是 CSS 排版的魅力之一。

另外，如果 links 的内容比 content 的长，在 IE 浏览器上 footer 就会贴在 content 下方而与 links 出现重合。

如图 18-2 所示利用 CSS+DIV 布局的网页。

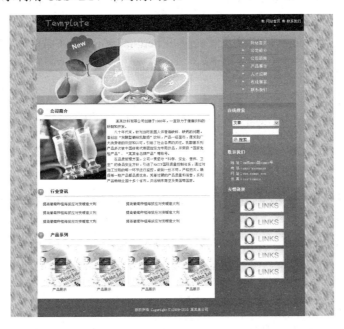

图 18-2　CSS 布局

18.2　固定宽度布局

本节重点介绍如何使用 DIV+CSS 创建固定宽度布局，对于包含很多大图片和其他元素的内容，由于它们在流式布局中不能很好地表现，因此固定宽度布局也是处理这种内容的最好方法。

18.2.1 1 列固定宽度

1 列式布局是所有布局的基础，也是最简单的布局形式。1 列固定宽度中，宽度的属性值是固定像素。下面举例说明 1 列固定宽度的布局方法，具体步骤如下。

(1) 在 HTML 文档的<head>与</head>之间相应的位置输入定义的 CSS 样式代码，如下所示。

```
<style>
#content{
    background-color:#ffcc33;
    border:5px solid #ff3399;
    width:500px;
    height:350px;
}
</style>
```

提示： 使用 background-color:# ffcc33 将<div>设定为黄色背景，并使用 border:5px solid #ff3399 将<div>设置了粉红色的 5px 宽度的边框，使用 width:500px 设置宽度为 500px 的固定宽度，使用 height:350px 设置高度为 350px。

(2) 然后在 HTML 文档的<body>与<body>之间的正文中输入以下代码，给<div>使用了 content 作为 id 名称。

```
<div id="content ">1 列固定宽度</div>
```

(3) 在浏览器中浏览，由于是固定宽度，无论怎样改变浏览器窗口大小，<div>的宽度都不改变，如图 18-3 和图 18-4 所示。

图 18-3 浏览器窗口变小效果

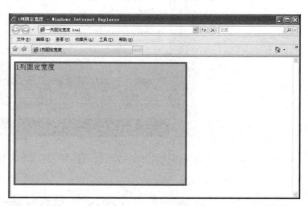

图 18-4 浏览器窗口变大效果

1 列固定宽度是常见的网页布局方式，多用于封面型的主页设计中，如图 18-5 和图 18-6 所示的主页，无论怎样改变浏览器的大小，块的宽度都不改变。

提示：　页面居中是常用的网页设计表现形式之一，传统的表格式布局中，用 align="center"属性来实现表格居中显示。<div>本身也支持 align="center"属性，同样可以实现居中，但是在 Web 标准化时代，这个不是我们想要的结果。因为不能实现表现与内容的分离。

图 18-5　1 列固定宽度布局

图 18-6　1 列固定宽度布局

18.2.2　两列固定宽度

有了 1 列固定宽度作为基础，两列固定宽度就非常简单，我们知道<div>用于对某一个区域的标识，而两列的布局，自然需要用到两个<div>。

两列固定宽度非常简单，两列的布局需要用到两个<div>，分别把两个<div>的 id 设置为 left 与 right，表示两个<div>的名称。首先为它们设置宽度，然后让两个<div>在水平线中并排显示，从而形成两列式布局，具体步骤如下。

(1)　在 HTML 文档的<head>与</head>之间相应的位置输入定义的 CSS 样式代码，如下所示。

```
<style>
#left{
    background-color:#00cc33;
    border:1px solid #ff3399;
    width:250px;
    height:250px;
    float:left;
    }
#right{
    background-color:#ffcc33;
    border:1px solid #ff3399;
    width:250px;
```

```
        height:250px;
        float:left;
}
</style>
```

📖 提示：　id 为 left 与 right 的两个<div>的代码与前面类似，两个<div>使用相同宽度实现两列式布局。float 属性是 CSS 布局中非常重要的属性，用于控制对象的浮动布局方式，大部分<div>布局基本上都通过 float 的控制来实现。float 使用 none 值时表示对象不浮动，而使用 left 时，对象将向左浮动，例如本例中的<div>使用了 float:left;之后，<div>对象将向左浮动。

(2)　然后在 HTML 文档的<body>与<body>之间的正文中输入以下代码，给 div 使用 left 和 right 作为 id 名称。

```
<div id="left">左列</div>
<div id="right">右列</div>
```

(3)　在使用了简单的 float 属性之后，两列固定宽度的<div>就能够完整地显示出来。在浏览器中浏览，如图 18-7 所示为两列固定宽度布局。

如图 18-8 所示的网页两列宽度都是固定的，无论怎样改变浏览器窗口大小，两列的宽度都不改变。

图 18-7　两列固定宽度布局

图 18-8　两列宽度都是固定的

18.2.3　圆角框

圆角框，因为其样式比直角框漂亮，所以成为设计师心中偏爱的设计元素。现在 Web 标准下大量的网页都采用圆角框设计，成为一道亮丽的风景线。

如图 18-9 所示是将其中的一个圆角进行放大后的效果。从图中我们可以看到其实这种圆角框是靠一个个容器堆砌而成的，每一个容器的宽度不同，这个宽度是由 margin 外边距来实现的，如 margin:0 5px;就是左右两侧的外边距为 5px，从上到下有 5 条线，其外边距分别为 5px，3px，2px，1px，依次递减。因此根据这个原理我们可以实现简单的 HTML 结构和样式。

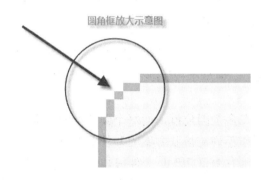

图 18-9　圆角进行放大后的效果

下面讲述圆角框的制作过程，具体过程如下。

(1)　使用如下代码实现简单的 HTML 结构。

```
<div class="sharp color1">
    <b class="b1"></b><b class="b2"></b><b class="b3"></b><b
class="b4"></b>
    <div class="content">文字内容</div>
    </div>
    <b class="b5"></b><b class="b6"></b><b class="b7"></b><b
class="b8"></b>
</div>
```

b1～b4 构成上面的左右两个圆角结构体，b5～b8 则构建了下面左右两个圆角结构体。而 content 则是内容主体，将这些全部放在一个大的容器中，并给该容器一个名字 sharp，用来设置通用的样式，再给它叠加了一个 color1 类名，这个类名用来区别不同的颜色方案，因为可能会有不同颜色的圆角框。

(2)　将每个<b>标签都设置为块状结构，使用如下 CSS 代码定义其样式。

```
.b1,.b2,.b3,.b4,.b5,.b6,.b7,.b8{height:1px; font-size:1px;
overflow:hidden; display:block;}
.b1,.b8{margin:0 5px;}
.b2,.b7{margin:0 3px;border-right:2px solid; border-left:2px solid;}
```

```
.b3,.b6{margin:0 2px;border-right:1px solid; border-left:1px solid;}
.b4,.b5{margin:0 1px;border-right:1px solid; border-left:1px solid;
height:2px;}
```

将每个<b>标签都设置为块状结构，并定义其高度为 1px，超出部分溢出隐藏。从上面样式中我们已经看到 margin 值的设置，是从大到小减少的。而 b1 和 b8 的设置是一样，已经将它们合并在一起了，同样的原理，b2 和 b7、b3 和 b6、b4 和 b5 都是一样的设置。这是因为上面两个圆和下面两个圆是一样，只是顺序是相对的，所以将它合并设置在一起。有利于减少 CSS 样式代码的字符大小。后面 3 句和第 2 句有点不同的地方是多设置了左右边框的样式，但是在这儿并没有设置边框的颜色，这是为什么呢，因为这个边框颜色是需要适时变化的，所以将它们分离出来，在下面的代码中单独定义。

(3) 接下使用如下代码设置内容区的样式。

```
.content {border-right:1px solid;border-left:1px solid;overflow:hidden;}
```

也是只设置左右边框线，但是不设置颜色值，它和上面 8 个<b>标签一起构成圆角框的外边框轮廓。

往往在一个页面中存在多个圆角框，而每个圆角框的边框颜色有可能各不相同，有没有可能针对不同的设计制作不同的换肤方案呢？答案是有的。在这个应用中，可以换不同的皮肤颜色，并且设置颜色方案也并不是一件很难的事情。

(4) 下面看看如何将它们应用不同的颜色。将所有的涉及边框色的 class 名全部集中在一起，用群选择符给它们设置一个边框的颜色就可以了。代码如下所示：

```
.color1 .b2,.color1 .b3,.color1 .b4,.color1 .b5,.color1 .b6,.color1 .b7,
.color1 .content{border-color:#96C2F1;}
.color1 .b1,.color1 .b8{background:#96C2F1;}
```

需要将这两句的颜色值设置为一样的，第二句中虽说是设置的 background 背景色，但它同样是上下边框线的颜色，这一点一定要记住。因为 b1 和 b8 并没有设置 border，但它的高度值为 1px，所以用它的背景色就达到了模拟上下边框的颜色了。

(5) 现在已经将一个圆角框描绘出来了，但是有一个问题要注意，就是内容区的背景色，因为这里是存载文字主体的地方。所以还需要加入下面这句话，也是群集选择符来设置圆角内的所有背景色。

```
.color1 .b2,.color1 .b3,.color1 .b4,.color1 .b5,.color1 .b6,.color1 .b7,
.color1 .content{background:#EFF7FF;}
```

这里除了 b1 和 b8 外，其他的标签都包含进来了，并且包括 content 容器，将它们的背景色全部设置一个颜色，这样除了线框外的所有地方都成为一种颜色了。在这儿用到包含选择符，给它们都加了一个 color1，这是颜色方案 1 的 class 名，依照这个原理可以设置不同的换肤方案。

(6) 如图 18-10 所示是源码运行后的圆角框图。

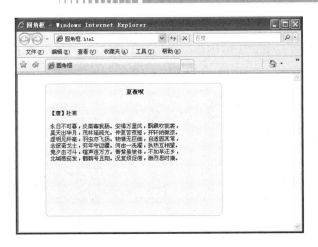

图 18-10　圆角框

18.3　可变宽度布局

页面的宽窄布局迄今有两种主要的模式，一种是固定宽窄，还有一种就是可变宽窄。这两种布局模式都是控制页面宽度的。上一节讲述了固定宽度的页面布局，本节将对可变宽度的页面布局做进一步的分析。

18.3.1　1 列自适应

自适应布局是在网页设计中常见的一种布局形式，自适应的布局能够根据浏览器窗口的大小，自动改变其宽度或高度值，是一种非常灵活的布局形式，良好的自适应布局网站对不同分辨率的显示器都能提供最好的显示效果。自适应布局需要将宽度由固定值改为百分比。下面是 1 列自适应布局的 CSS 代码。

```
<!doctype html>
<html>
<head>
<meta charset="utf-8">
<title>1 列自适应</title>
<style>
html,body{margin:0; height:100%;}
#Layer{background-color:#ffcc33;border:5px solid #ff3399;
    width:70%;  height:70%;}
</style>
</head>
<body>
<div id="Layer">1 列自适应</div>
</body>
</html>
```

这里将宽度和高度值都设置为 70%，从浏览效果中可以看到，<div>的宽度已经变为了浏览器宽度的 70%的值，当扩大或缩小浏览器窗口大小时，其宽度和高度还将维持在与浏览器当前宽度比例的 70%。如图 18-11 和图 18-12 所示。

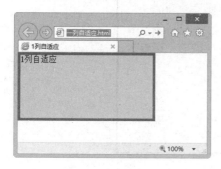

图 18-11　窗口变小

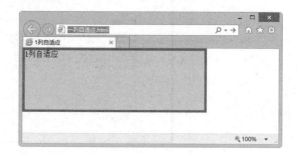

图 18-12　窗口变大

自适应布局是比较常见的网页布局方式，如图 18-13 所示的网页就采用自适应布局。

图 18-13　自适应布局

18.3.2　两列宽度自适应

下面使用两列宽度自适应性，来实现左右栏宽度自动适应，自适应主要通过宽度的百分比值设置。CSS 代码修改为如下。

```
<style>
#left{
    background-color:#00cc33;   border:1px solid #ff3399; width:60%;
    height:250px;   float:left;
    }
#right{
    background-color:#ffcc33;border:1px solid #ff3399; width:30%;
    height:250px;    float:left;
}
</style>
```

这里主要修改了左栏宽度为 60%，右栏宽度为 30%。在浏览器中浏览效果如图 18-14

和图 18-15 所示，无论怎样改变浏览器窗口大小，左右两栏的宽度与浏览器窗口的百分比都不改变。

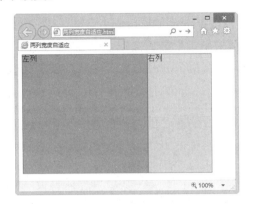

图 18-14　浏览器窗口变小效果

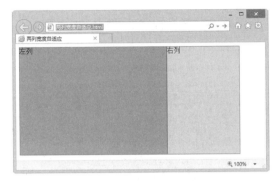

图 18-15　浏览器窗口变大效果

如图 18-16 所示的网页采用两列宽度自适应布局。

图 18-16　两列宽度自适应布局

18.3.3　两列右列宽度自适应

在实际应用中，有时候需要左栏固定宽度，右栏根据浏览器窗口大小自动适应，在 CSS 中只需要设置左栏的宽度即可，如上例中左右栏都采用了百分比实现了宽度自适应，这里只需要将左栏宽度设定为固定值，右栏不设置任何宽度值，并且右栏不浮动，CSS 样式代码如下。

```
<style>
#left{
    background-color:#00cc33;border:1px solid #ff3399; width:200px;
    height:250px;
    float:left; }
#right{
    background-color:#ffcc33;border:1px solid #ff3399; height:250px;
}
</style>
```

这样，左栏将呈现 200px 的宽度，而右栏将根据浏览器窗口大小自动适应，如图 18-17 和图 18-18 所示。

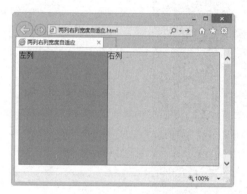

图 18-17　右列宽度自适应

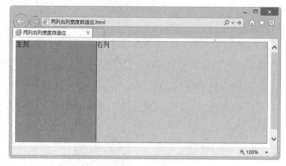

图 18-18　右列宽度自适应

18.3.4　3 列浮动中间宽度自适应

使用浮动定位方式，从 1 列到多列的固定宽度及自适应，基本上可以简单完成，包括 3 列的固定宽度。而在这里给我们提出了一个新的要求，希望有一个 3 列式布局，其中左栏要求固定宽度，并居左显示，右栏要求固定宽度并居右显示，而中间栏需要在左栏和右栏的中间，根据左右栏的间距变化自动适应。

在开始这样的 3 列布局之前，有必要了解一个新的定位方式——绝对定位。前面的浮动定位方式主要由浏览器根据对象的内容自动进行浮动方向的调整，但是当这种方式不能满足定位需求时，就需要用新的方法来实现，CSS 提供的除去浮动定位之外的另一种定位方式就是绝对定位，绝对定位使用 position 属性来实现。

下面讲述 3 列浮动中间宽度自适应布局的创建，具体操作步骤如下。

(1) 在 HTML 文档的<head>与</head>之间相应的位置输入定义的 CSS 样式代码，如下所示。

```
<style>
body{ margin:0px; }
#left{
    background-color:#ffcc00;  border:3px solid #333333; width:100px;
    height:250px; position:absolute; top:0px; left:0px;
}
#center{
    background-color:#ccffcc; border:3px solid #333333; height:250px;
    margin-left:100px; margin-right:100px; }
#right{
    background-color:#ffcc00; border:3px solid #333333; width:100px;
    height:250px; position:absolute; right:0px; top:0px; }
</style>
```

(2) 在 HTML 文档的<body>与<body>之间的正文中输入以下代码，给 div 使用 left、right 和 center 作为 id 名称。

```
<div id="left">左列</div>
<div id="center">中间列</div>
<div id="right">右列</div>
```

(3) 在浏览器中浏览，如图 18-19 和图 18-20 所示。

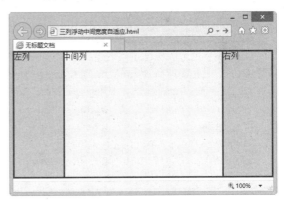

图 18-19 中间宽度自适应　　　　　　图 18-20 中间宽度自适应

如图 18-21 所示的网页采用 3 列浮动中间宽度自适应布局。

图 18-21　3 列浮动中间宽度自适应布局

18.3.5　3 行 2 列居中高度自适应

如何使整个页面内容居中，如何使高度适应内容自动伸缩。这是学习 CSS 布局最常见的问题。下面讲述 3 行 2 列居中高度自适应布局的创建，具体操作步骤如下。

(1)　在 HTML 文档的<head>与</head>之间相应的位置输入定义的 CSS 样式代码，如下所示。

```
<style type="text/css">
#header{ width:776px; margin-right: auto; margin-left: auto; padding: 0px;
background: #ff9900; height:60px; text-align:left; }
#contain{margin-right: auto; margin-left: auto; width: 776px; }
#mainbg{width:776px; padding: 0px;background: #60A179; float: left;}
#right{float: right; margin: 2px 0px 2px 0px; padding:0px; width: 574px;
background: #ccd2de; text-align:left; }
#left{ float: left; margin: 2px 2px 0px 0px; padding: 0px;
background: #F2F3F7; width: 200px; text-align:left; }
#footer{ clear:both; width:776px; margin-right: auto; margin-left: auto;
padding: 0px;
background: #ff9900; height:60px;}
.text{margin:0px;padding:20px;}
</style>
```

(2)　在 HTML 文档的<body>与<body>之间的正文中输入以下代码，给<div>使用 left、right 和 center 作为 id 名称。

```
<div id="header">页眉</div>
<div id="contain">
  <div id="mainbg">
    <div id="right">
      <div class="text">右
        <div id="header">页眉</div>
```

```
<div id="contain">
  <div id="mainbg">
    <div id="right">
      <div class="text">右
        <p> </p>
        <p> </p>
        <p> </p>
        <p></p>
        <p></p>
      </div>
    </div>
    <div id="left">
      <div class="text">左 </div>
    </div>
  </div>
</div>
<div id="footer">页脚</div>
    </div>
  </div>
  <div id="left">
    <div class="text">左</div>
  </div>
</div>
</div>
<div id="footer">页脚</div>
```

(3) 在浏览器中浏览，如图 18-22 所示。

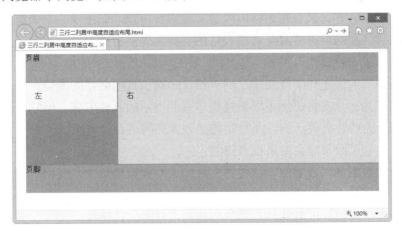

图 18-22　3 行 2 列居中高度自适应布局

如图 18-23 所示的网页采用 3 行 2 列居中高度自适应布局。

图 18-23 3 行 2 列居中高度自适应布局

18.4 CSS 布局与传统的表格方式布局分析

表格在网页布局中应用已经有很多年了，由于多年的技术发展和经验积累，Web 设计工具功能不断增强，使表格布局在网页应用中达到登峰造极的地步。

由于表格不仅可以控制单元格的宽度和高度，而且还可以嵌套，多列表格还可以把文本分栏显示，于是就有人试着在表格中放置其他网页内容，如图像、动画等，以打破比较固定的网页版式。而网页表格对无边框表格的支持为表格布局奠定了基础，用表格实现页面布局慢慢就成了一种设计习惯。

传统表格布局的快速与便捷加速了网页设计师对于页面创意的激情，而忽视了代码的理性分析。迄今为止，表格仍然主导着视觉丰富的网站的设计方式，但它却阻碍了一种更好的、更有亲和力的、更灵活的，而且功能更强大的网站设计方法。

使用表格进行页面布局会带来很多问题。

- 把格式数据混入内容中，这使得文件的大小无谓地变大，而用户访问每个页面时都必须下载一次这样的格式信息。
- 这使得重新设计现有的站点和内容极为消耗时间且昂贵。
- 使保持整个站点的视觉的一致性极难，花费也极高。
- 基于表格的页面还大大降低了它对残疾人和用手机或 PDA 的浏览者的亲和力。

而使用 CSS 进行网页布局会：

- 使页面载入得更快。
- 降低流量费用。

- 在修改设计时更有效率而代价更低。
- 帮助整个站点保持视觉的一致性。
- 让站点可以更好地被搜索引擎找到。
- 使站点对浏览者和浏览器更具亲和力。

为了帮助读者更好地理解表格布局与标准布局的优劣，下面结合一个案例进行详细分析。如图 18-24 所示是一个简单的空白布局模板，它是一个 3 行 3 列的典型网页布局。下面尝试用表格布局和 CSS 标准布局来实现它，亲身体验二者的异同。

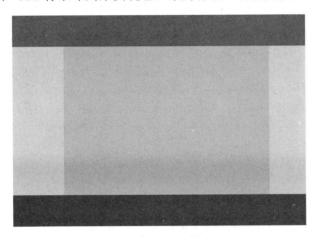

图 18-24　3 行 3 列的典型网页布局

实现图 18-24 所示的布局效果，使用表格布局的代码如下：

```
<table width="760" border="0" cellspacing="0" cellpadding="0">
 <tr>
  <td height="80" colspan="3" bgcolor="#cc3300"> </td>
 </tr>
 <tr>
  <td width="133" height="226" bgcolor="#cccccc"> </td>
  <td width="531" height="380" bgcolor="#FF99FF"> </td>
  <td width="96" bordercolor="#cccccc" bgcolor="#cccccc"> </td>
 </tr>
 <tr>
  <td height="80" colspan="3" bgcolor="#663300"> </td>
 </tr>
</table>
```

使用 CSS 布局，其中 XHTML 框架代码如下：

```
<div id="wrap">
   <div id="header"> </div>
   <div id="main">
      <div id="bar_l"></div>
      <div id="content"></div>
```

```
        <div id="bar_r"></div>
    </div>
    <div id="footer"></div>
</div>
```

CSS 布局代码如下：

```
<style>
body {/* 定义网页窗口属性，清除页边距，定义居中显示*/
    padding:0; margin:0 auto; text-align:center;
}
#wrap{/* 定义包含元素属性，固定宽度，定义居中显示*/
    width:780px; margin:0 auto;
}
#header{/* 定义页眉属性 */
    width:100%;/* 与父元素同宽 */
    height:74px; /* 定义固定高度 */
    background:#cc3300; /* 定义背景色 */
    color:#F0DFDB; /* 定义字体颜色 */
}
#main {/* 定义主体属性 */
    width:100%;
    height:400px;
}
#bar_l,#bar_r{/* 定义左右栏属性 */
    width:160px;  height:100%;
    float:left;  /* 浮动显示，可以实现并列分布 */
    background:#cccccc;
    overflow:hidden; /* 隐藏超出区域的内容 */
}
#content{ /* 定义中间内容区域属性 */
    width:460px; height:100%; float:left; overflow:hidden; background:#fff;
}
#footer{ /* 定义页脚属性 */
    background:#663300; width:100%; height:50px;
    clear:both; /* 清除左右浮动元素 */
}
</style>
```

简单比较，感觉不到 CSS 布局的优势，甚至书写的代码比表格布局要多得多。当然这仅是一页框架代码。让我们做一个很现实的假设，如果你的网站正采用了这种布局，有一天客户把左侧通栏宽度改为 100px。那么将在传统的表格布局的网站中打开所有的页面逐个进行修改，这个数目少则有几十页，多则上千页，劳动强度可想而知。而在 CSS 布局中只需简单修改一个样式属性就可以。

这仅是一个假设，实际中的修改会比这更频繁、更多样。不只客户会三番五次地出难题挑战你的耐性，甚至自己有时都会否定刚刚完成的设计。

当然未来的网页设计中，表格的作用依然不容忽视，不能因为有了 CSS，我们就一棒子把它打死。不过，表格会日渐恢复表格的本来职能——数据的组织和显示，而不是让表格承载网页布局的重任。

本 章 小 结

在本章中，以几种不同的布局方式演示了如何灵活地运用 CSS 的布局性质，使页面按照需要的方式进行排版。希望读者能彻底理解和掌握本章的内容，这就需要反复多试验几次，把本章的实例彻底搞清楚。这样在实际工作中遇到具体的案例时，就可以灵活地选择解决方法。

练 习 题

1. 填空题

(1) CSS 排版是一种很新的排版理念，首先要将页面使用_____整体划分几个板块，然后对各个板块进行_____定位，最后在各个板块中添加相应的内容。

(2) 在利用 CSS 布局页面时，首先要有一个整体的规划，包括整个页面分成哪些模块，各个模块之间的父子关系等。以最简单的框架为例，页面由_____、_____、_____和_____几个部分组成，各个部分分别用自己的 id 来标识。

2. 操作题

(1) CSS 布局与传统的表格布局相比有哪些优点？

(2) 制作一个 3 列浮动中间宽度自适应布局的网页，要求左右两边的<div>宽度为100px，中间<div>的宽度自适应，如图 18-25 所示。

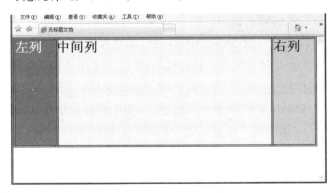

图 18-25　3 列浮动中间宽度自适应布局

第 19 章　CSS 3 入门基础

【学习目标】

CSS 3 是 CSS 技术的升级版本，CSS 3 语言开发是朝着模块化发展的。以前的规范作为一个模块实在是太庞大而且比较复杂，所以，把它分解为一些小的模块，更多新的模块也被加入进来。这些模块包括：盒子模型、列表模块、超链接方式、语言模块、背景和边框、文字特效、多栏布局等。

本章主要内容包括：

(1) 了解 CSS 3 的发展历史；

(2) 了解 CSS 3 新增特性；

(3) 掌握 CSS 3 代码的应用。

19.1　预览激动人心的 CSS 3

随着用户要求的不断提高、各种新型网络应用的不断出现以及 Web 技术自身的高速发展，CSS 2 在 Web 开发中显得越来越力不从心，人们对下一代 CSS 技术和标准——CSS 3 的需求越来越迫切。

19.1.1　CSS 3 的发展历史

20 世纪 90 年代初，HTML 语言诞生，各种形式的样式表也开始出现。各种不同的浏览器结合自身的显示特性，开发了不同的样式语言，以便于读者自己调整网页的显示效果。注意，此时的样式语言仅供读者使用，而非供设计师使用。

早期的 HTML 语言只含有很少量的显示属性，用来设置网页和字体的效果。随着 HTML 的发展，为了满足网页设计师的要求，HTML 不断添加了很多用于显示的标签和属性。由于 HTML 的显示属性和标签比较丰富，其他的用来定义样式的语言就越来越没有意义了。

在这种背景下，1994 年年初哈坤·利提出了 CSS 的最初想法。伯特·波斯(Bert Bos)当时正在设计一款 Argo 浏览器，于是他们一拍即合，决定共同开发 CSS。当然，这时市面上已经有一些非正式的样式表语言的提议了。

哈坤于 1994 年在芝加哥的一次会议上第一次展示了 CSS 的建议，1995 年他与波斯一起再次展示这个建议。当时 W3C 刚刚建立，W3C 对 CSS 的发展很感兴趣，它为此组织了一次讨论会。哈坤、波斯和其他一些人是这个项目的主要技术负责人。1996 年年底，CSS 已经完成。1996 年 12 月 CSS 的第一个版本问世。

1998 年 5 月，CSS 2 正式发布。CSS 2 是一套全新的样式表结构，是由 W3C 推行的，同以往的 CSS 1 或 CSS 1.2 完全不一样，CSS 2 推荐的是一套内容和表现效果分离的方式，HTML 元素可以通过 CSS 2 的样式控制显示效果，可完全不使用以往 HTML 中的<table>和<td>来定位表单的外观和样式，只需使用<div>和<li>此类 HTML 标签来分割元素，之后即可通过 CSS 2 样式来定义表单界面的外观。

早在 2001 年 5 月，W3C 就开始着手准备开发 CSS 第 3 版规范。CSS 3 规范一个新的特点是规范被分为若干个相互独立的模块。一方面分成若干较小的模块较利于规范及时更新和发布，及时调整模块的内容，这些模块独立实现和发布，也为日后 CSS 的扩展奠定了基础。另一方面，由于受支持设备和浏览器厂商的限制，设备或者厂商可以有选择地支持一部分模块，支持 CSS 3 的一个子集。这样将有利于 CSS 3 的推广。

CSS 3 的产生大大简化了编程模型，它不是仅对已有功能的扩展和延伸，而更多的是对 Web UI 设计理念和方法的革新。相信未来 CSS 3 配合 HTML 5 标准，将引起一场极大的 Web 应用的变革，甚至是整个 Internet 产业的变革。

19.1.2　CSS 3 新增特性

CSS 3 中引入了新特性和新功能，这些新特性极大地增强了 Web 程序的表现能力，同时简化了 Web UI 的编程模型。下面将详细介绍这些 CSS 3 的新增特性。

1．强大的选择器

CSS 3 的选择器在 CSS 2.1 的基础上进行了增强，它允许设计师在标签中指定特定的 HTML 元素而不必使用多余的 class、id 或者 JavaScript 脚本。

如果希望设计出简洁、轻量级的网页标签，希望结构与表现更好地分离，高级选择器是非常有用的。它可以大大地简化我们的工作，提高我们的代码效率，并让我们很方便地制作高可维护性的页面。

2．半透明度效果的实现

RGBA 不仅可以设定色彩，还能设定元素的透明度。无论是文本、背景还是边框均可使用该属性。该属性的语法在支持其浏览器中相同。

RGBA 颜色代码示例：

```
background:rgba(252, 253, 202, 0.70);
```

上面代码中，前 3 个参数分别是 R、G、B 三原色，范围是 0～255。第 4 个参数是背景透明度，范围是 0～1，如 0.70 代表透明度 70%。这个属性使我们在浏览器中也可以做到像 Win7 一样的半透明玻璃效果，如图 19-1 所示。

图 19-1　半透明度效果

目前支持 RBGA 颜色的浏览器有：Safari 4+、Chrome 1+、Firefox 3.0.5+和 Opera 9.5+，IE 全系列浏览器暂都不支持该属性。

3．多栏布局

新的 CSS 3 选择器可以让你不必使用多个<div>标签就能实现多栏布局。浏览器解释这个属性并生成多栏，让文本实现一个仿报纸的多栏结构。如图 19-2 所示网页显示为 3 栏，这 3 栏并非浮动的<div>而是使用 CSS 3 多栏布局。

图 19-2　多栏布局

4．多背景图

CSS 3 允许背景属性设置多个属性值，如 background-image、background-repeat、background-size、background-position、background-originand、background-clip 等，这样就可以在一个元素上添加多层背景图片。

在一个元素上添加多背景的最简单的方法是使用简写代码，你可以指定上面的所有属性到一条声明中，只是最常用的还是 image、position 和 repeat，如下所示代码。

```
div {
    background: url(example.jpg) top left no-repeat,
        url(example2.jpg) bottom left no-repeat,
        url(example3.jpg) center center repeat-y;
}
```

5．圆角

CSS 3 新功能中最常用的一项就是圆角效果，border-radius 无须背景图片就能给 HTML

元素添加圆角。不同于添加 JavaScript 或多余的 HTML 标签，仅仅需要添加一些 CSS 属性并从好的方面考虑。这个方案是清晰和有效的，而且可以让你免于花费几个小时来寻找精巧的浏览器方案和基于 JavaScript 的圆角。

border-radius 的使用方法如下：

```
border-radius: 5px 5px 5px 5px;
```

radius，就是半径的意思。用这个属性可以很容易地做出圆角效果，当然，也可以做出圆形效果。如图 19-3 所示为 CSS 3 制作的圆角表格。

目前 IE 9、WebKit 核心浏览器、Firefox 3+ 都支持该属性。

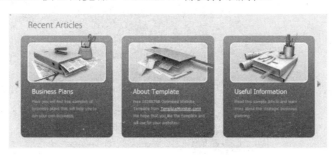

图 19-3　CSS 3 制作的圆角表格

6．边框图片

border-image 属性允许在元素的边框上设定图片，这使得原本单调的边框样式变得丰富起来。让你从通常的 solid、dotted 和其他边框样式中解放出来。该属性给设计师一个更好的工具，用它可以方便地定义设计元素的边框样式，比 background-image 属性或枯燥的默认边框样式更好用。也可以明确地定义一个边框可以被如何缩放或平铺。

border-image 的使用方法如下：

```
border: 5px solid #cccccc;
border-image: url(/images/border-image.png)5 repeat;
```

如图 19-4 所示为 CSS 3 制作的边框图片。

图 19-4　CSS 3 制作的边框图片

7. 形变效果

通常使用 CSS 和 HTML 我们是不可能使 HTML 元素旋转或者倾斜一定角度的。为了使元素看起来更具有立体感，我们不得不把这种效果做成一个图片，这样就限制了很多动态的应用场景。transform 属性的引入使我们以前通常要借助 SVG 等矢量绘图手段才能实现的功能，只需要一个简单的 CSS 属性就能实现。在 CSS 3 中 transform 属性主要包括 rotate(旋转)、scale(缩放)、translate(坐标平移)、skew(坐标倾斜)、matrix(矩阵变换)。如图 19-5 所示为对元素的形变效果。

图 19-5　对元素的形变效果

目前支持形变的浏览器有 WebKit 系列浏览器、Firefox 3.5+、Opear 10.5+。IE 全系列不支持。

8. 媒体查询

媒体查询(media queries)可以让你为不同的设备基于它们的能力定义不同的样式。如在可视区域小于 400px 的时候，想让网站的侧栏显示在主内容的下边，这样它就不应该浮动并显示在右侧了。

```
#sidebar {
   float: right;
   display: inline;
   }
@media all and (max-width:400px) {
   #sidebar {
      float: none;
      clear: both;
      }
   }
```

也可以指定使用滤色屏的设备：

```
a {
   color: grey;
```

```
  }
@media screen and (color) {
  a {
      color: red;
    }
  }
```

这个属性是很有用的，因为不用再为不同的设备写独立的样式表了，而且也无须使用 JavaScript 来确定每个用户的浏览器的属性和功能。一个实现使一个灵活的布局更加流行的基于 JavaScript 的方案是使用智能的流体布局，让布局对于用户的浏览器分辨率适应更加灵活。

媒体查询被基于 WebKit 核心的浏览器和 Opera 支持，在 Firefox 3.5 版本中支持它，IE 目前不支持这些属性。

9. CSS 3 线性渐变

渐变色是网页设计中很常用的一项元素，它可以增强网页元素的立体感，同时使单一颜色的页面看起来不是那么突兀。过去为了实现渐变色通常需要先制作一个渐变的图片，将它切割成很细的一小片，然后使用背景重复使整个 HTML 元素拥有渐变的背景色。这样做有两个弊端：为了使用图片背景，很多时候使得本身简单的 HTML 结构变得复杂；另外受制于背景图片的长度或宽度，HTML 元素不能灵活地动态调整大小。CSS 3 中 WebKit 和 Mozilla 对渐变都有强大的支持，如图 19-6 所示为使用 CSS 3 制作的渐变背景图。

图 19-6　使用 CSS 3 制作的渐变背景图

从上面的效果图可以看出，线性渐变是一个很强大的功能。使用很少的 CSS 代码就能做出以前需要使用很多图片才能完成的效果。很可惜的是目前支持该属性的浏览器只有最新版的 Safari、Chrome、Firefox，且语法差异较大。

19.1.3　主流浏览器对 CSS 3 的支持

CSS 3 带来了众多全新的设计体验，但是并不是所有浏览器都完全支持它。当然，网页不需要在所有浏览器中看起来都严格一致，有时候在某个浏览器中使用私有属性来实现特定的效果是可行的。

下面介绍使用 CSS 3 的注意事项。

- CSS 3 的使用不应当影响页面在各个浏览器中的正常显示。可以使用 CSS 3 的一些属性来增强页面表现力和用户体验，但是这个效果提升不应当影响其他浏览器用户正常访问该页面。

- 同一页面在不同浏览器中不必完全显示一致。功能较强的浏览器，页面可以显示得更炫一些，而较弱的浏览器可以显示得不是那么酷，只要能完成基本的功能就行。大可不必为了在各个浏览器中得到同样的现实效果而大费周章。

- 在不支持 CSS 3 的浏览器中，可以使用替代方法来实现这些效果，但是需要平衡实现的复杂度和实现的性能问题。

19.2　使用 CSS 3 实现圆角表格

传统的圆角生成方案，必须使用多张图片作为背景图案。CSS 3 的出现，使得我们再也不必浪费时间去制作这些图片了，而且还有其他许多优点：

- 减少维护的工作量。图片文件的生成、更新，编写网页代码，这些工作都不再需要了。

- 提高网页性能。由于不必再发出多余的 HTTP 请求，网页的载入速度将变快。

- 增加视觉可靠性。某些情况下(网络拥堵、服务器出错、网速过慢等)，背景图片会下载失败，导致视觉效果不佳。CSS 3 就不会发生这种情况。

CSS 3 圆角只需设置一个属性：border-radius。为这个属性提供一个值，就能同时设置 4 个圆角的半径。CSS 度量值都可以使用 em、ex、pt、px、百分比等。

下面是使用 CSS 3 实现圆角表格的代码：

```
<!doctype html>
<html>
<head>
<meta charset="utf-8">
<title>圆角效果 border-radius</title>
<style
type="text/css">
body,div{margin:0;padding:0;}
.border{
    width:400px;
    border:20px solid #019F00;
    height:100px;
    -moz-border-radius:15px; /*仅 Firefox 支持，实现圆角效果*/
    -webkit-border-radius:15px; /*仅 Safari,Chrome 支持，实现圆角效果*/
    -khtml-border-radius:15px; /*仅 Safari,Chrome 支持，实现圆角效果*/
```

```
        border-radius:15px; /*仅 Opera, Safari,Chrome 支持，实现圆角效果*/
}
</style>
</head>
<body>
<p> </p>
<div class="border">圆角表格</div>
</body>
</html>
```

border-radius 可以同时设置 1～4 个值。如果设置 1 个值，表示 4 个圆角都使用这个值。如果设置两个值，表示左上角和右下角使用第 1 个值，右上角和左下角使用第 2 个值。如果设置 3 个值，表示左上角使用第 1 个值，右上角和左下角使用第 2 个值，右下角使用第 3 个值。如果设置 4 个值，则依次对应左上角、右上角、右下角、左下角(顺时针顺序)。

除 IE 和傲游外，目前有 Firefox，Safari，Chrome，Opera 支持该属性，其中 Safari、Chrome、Opera 是支持最好的。在 Firefox 浏览器中浏览效果如图 19-7 所示。

图 19-7　设置 CSS 链接样式

我们还可以随意指定圆角的位置，上左，上右，下左，下右 4 个方向。在 Firefox，WebKit 内核的 Safari，Chrome 和 Opera 的具体书写格式如下。

上左效果代码如下所示，其浏览效果如图 19-8 所示。

```
-moz-border-radius-topleft :15px;
-webkit-border-top-left-radius :15px;
border-top-left-radius :15px;
```

同样的还有其他几个方向的圆角，这里就不再一一举例了。注意虽然各大浏览器基本都支持 border-radius，但是在某些细节上，实现都不一样。当 4 个角的颜色、宽度、风格(实线框、虚线框等)、单位都相同时，所有浏览器的渲染结果基本一致；一旦 4 个角的设置不相同，就会出现很大的差异。因此，目前最安全的做法，就是将每个圆角边框的风格和宽度，都设为一样的值，并且避免使用百分比值。

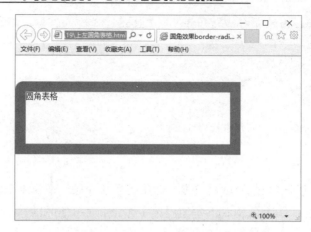

图 19-8　上左圆角表格

19.3　使用 CSS 3 制作图片滚动菜单

鼠标移到图片上之后，根据鼠标的移动，图片会跟随滚动，因使用 CSS 3 的部分属性，所以需要 Firefox 或 Chrome 内核的浏览器才能看到真正效果，如图 19-9 所示，具体制作步骤如下。

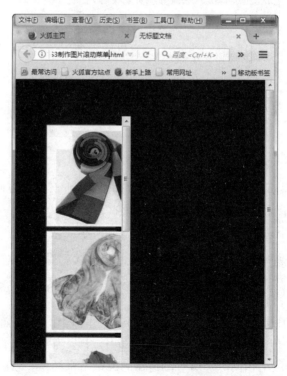

图 19-9　CSS 3 制作图片滚动菜单

(1)　首先使用<div>插入 5 幅图片，如图 19-10 所示。其 HTML 结构代码如下所示。

```
<div class="sc_menu_wrapper">
    <div class="sc_menu">
        <a href=""><img src="1.jpg" width="196" height="188" /></a>
        <a href=""><img src="2.jpg" width="196" height="188" /></a>
         <a href=""><img src="3.jpg" width="196" height="188" /></a>
        <a href=""><img src="4.jpg" width="196" height="188" /></a>
        <a href=""><img src="5.jpg" width="196" height="188" /></a>
```

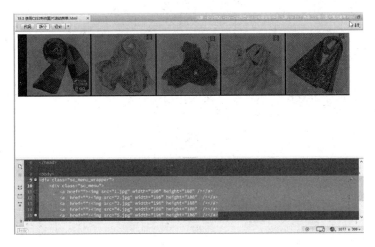

图 19-10　插入图片

(2)　在<head>和</head>间输入以下代码，使用如下 CSS 代码定义图片的外观样式，如图 19-11 所示。

```
<style type="text/css">
body {background: #0F0D0D;
    padding: 30px 0 0 50px; color:#FFFFFF;}
div.sc_menu_wrapper {   position: relative;
    height: 500px;
    width: 190px;
    margin-top: 30px;
    overflow: auto;}
div.sc_menu {   padding: 15px 0;}
.sc_menu a {display: block;
    margin-bottom: 5px;
    width: 130px;
    border: 2px rgb(79, 79, 79) solid;
    -webkit-border-radius: 4px;
    -moz-border-radius: 4px;
    color: #fff;
    background: rgb(79, 79, 79);      }
.sc_menu a:hover {
    border-color: rgb(130, 130, 130);
    border-style: dotted;}
.sc_menu img {
```

```
    display: block;
    border: none;}
.sc_menu_wrapper .loading {
    position: absolute;
    top: 50px;
    left: 10px;
    margin: 0 auto;
    padding: 10px;
    width: 100px;
    -webkit-border-radius: 4px;
    -moz-border-radius: 4px;
    text-align: center;
    color: #fff;
    border: 1px solid rgb(79, 79, 79);
    background: #1F1D1D;}
.sc_menu_tooltip {
    display: block;
    position: absolute;
    padding: 6px;
    font-size: 12px;
    color: #fff;
    -webkit-border-radius: 4px;
    -moz-border-radius: 4px;
    border: 1px solid rgb(79, 79, 79);
    background: rgb(0, 0, 0);
    background: rgba(0, 0, 0, 0.5);}
#back {margin-left: 8px;
    color: gray;
    font-size: 18px;
    text-decoration: none;}
#back:hover {
    text-decoration: underline;}
</style>
```

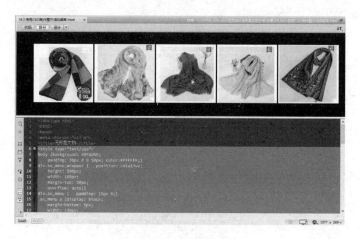

图 19-11　定义图片外观

(3)　在<head>和</head>间输入以下代码，使用 JavaScript 制作网页特效，如图 19-12 所示。

```javascript
<script type= "text/javascript">
function makeScrollable(wrapper, scrollable){
    var wrapper = $(wrapper), scrollable = $(scrollable);
    scrollable.hide();
    var loading = $('<div
        class="loading">Loading...</div>').appendTo(wrapper);
    var interval = setInterval(function(){
        var images = scrollable.find('img');
        var completed = 0;
        images.each(function(){
            if (this.complete) completed++;});
                if (completed == images.length){
            clearInterval(interval);
            setTimeout(function(){
                loading.hide();
                wrapper.css({overflow: 'hidden'});
                scrollable.slideDown('slow', function(){
                enable();
                });
            }, 1000);
        }
    }, 100);
        function enable(){
        var inactiveMargin = 99;
        var wrapperWidth = wrapper.width();
        var wrapperHeight = wrapper.height();
        var scrollableHeight = scrollable.outerHeight() + 2*inactiveMargin;
        var tooltip = $('<div class="sc_menu_tooltip"></div>')
            .css('opacity', 0)
            .appendTo(wrapper);
        scrollable.find('a').each(function(){
            $(this).data('tooltipText', this.title);
        });
        scrollable.find('a').removeAttr('title');
        scrollable.find('img').removeAttr('alt');
        var lastTarget;
        wrapper.mousemove(function(e){
            lastTarget = e.target;
            var wrapperOffset = wrapper.offset();
            var tooltipLeft = e.pageX - wrapperOffset.left;
            tooltipLeft = Math.min(tooltipLeft, wrapperWidth - 75);
            //tooltip.outerWidth());
            var tooltipTop = e.pageY - wrapperOffset.top + wrapper.scrollTop() - 40;
            if (e.pageY - wrapperOffset.top < wrapperHeight/2){
```

```
                tooltipTop += 80;
            }
            tooltip.css({top: tooltipTop, left: tooltipLeft});
var top = (e.pageY - wrapperOffset.top) * (scrollableHeight - wrapperHeight)
            if (top < 0){
                top = 0;}
            wrapper.scrollTop(top);
        });
        var interval = setInterval(function(){
            if (!lastTarget) return;
            var currentText = tooltip.text();
            if (lastTarget.nodeName == 'IMG'){
                var newText = $(lastTarget).parent().data('tooltipText');
                if (currentText != newText) {
                    tooltip
                    .stop(true)
                    .css('opacity', 0)
                    .text(newText)
                    .animate({opacity: 1}, 1000);
                }
            }
        }, 200);
        wrapper.mouseleave(function(){
            lastTarget = false;
            tooltip.stop(true).css('opacity', 0).text('');
        });
    }
}
$(function(){  makeScrollable("div.sc_menu_wrapper", "div.sc_menu");});
</script>
```

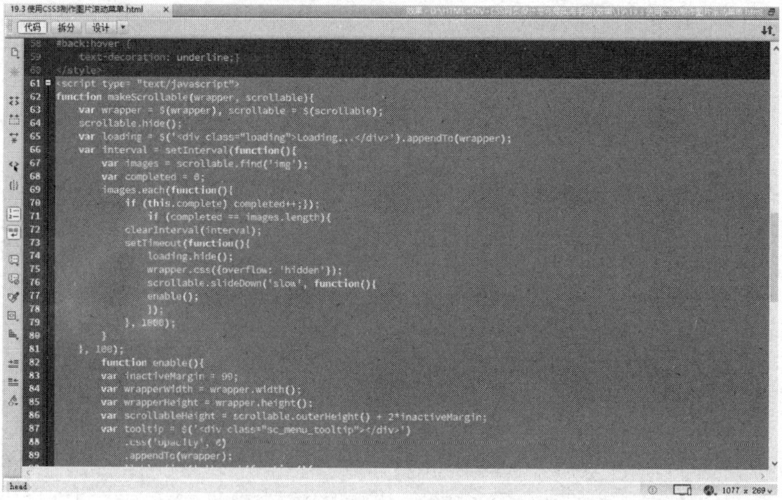

图 19-12　定义图片效果

19.4　使用 CSS 3 制作文字立体效果

CSS 3 的功能真的很强大，总能制作出一些令人吃惊的效果，下面制作很棒的 CSS 3 文字立体效果，如图 19-13 所示，用鼠标选中文字，效果更清晰，具体制作步骤如下。

图 19-13　使用 CSS 3 制作文字立体效果

（1）打开原始网页，在<head>和</head>间输入如下 CSS 代码，用来定义文字投影效果，如图 19-14 所示。

```
<style>
.list_case_left{
position: absolute;
left: 43px;
font-size: 60px;
font-weight: 800;
color: #fff;
text-shadow: 1px 0px #009807, 1px 2px #006705, 3px 1px #009807, 2px 3px #006705,
4px 2px #009807, 4px 4px #006705, 5px 3px #009807, 5px 5px #006705,
7px 4px #009807, 6px 6px #006705, 8px 5px #009807, 7px 7px #006705,
9px 6px #009807, 9px 8px #006705, 11px 7px #009807, 10px 9px #006705,
12px 8px #009807, 11px 10px #006705, 13px 9px #009807, 12px 11px #006705,
15px 10px #009807, 13px 12px #006705, 19px 11px #009807, 15px 13px #006705,
17px 12px #009807;
top: 130px;
}
</style>
```

（2）在网页正文中输入如下代码，插入文字，如图 19-15 所示。

```
<div class="list_case_left">
<strong style="color: #d9ff83">一诺茶行</strong>
</div>
```

图 19-14　输入 CSS 代码

图 19-15　输入文字

19.5　使用 CSS 3 制作多彩的网页图片库

利用纯 CSS 可以做出千变万化的效果，特别是 CSS 3 的引入更是让更多的效果可以做出来。现在就让我们动手做一个多彩的图片库，如图 19-16 所示，将鼠标放置到图像中，可以显示出另外几张图像。

图 19-16　多彩的网页图片库

（1）　首先在<body>和</body>中输入以下 CSS 代码来插入 9 张图片，效果如图 19-17 所示。

```
<div class="albums-tab">
<div class="albums-tab-thumb sim-anim-9">
<img src="x1.jpg" width="280" height="280" class="all studio"/>
<img src="x2.jpg" width="280" height="280" class="all studio"/>
<img src="x3.jpg" width="280" height="280" class="all studio"/>
<img src="x4.jpg" width="280" height="280" class="all studio"/>
<img src="x5.jpeg" width="280" height="280" class="all studio"/>
<img src="x7.jpg" width="280" height="280" class="all studio"/>
<img src="x6.jpg" width="280" height="280" class="all studio"/>
<img src="x8.jpg" width="280" height="280" class="all studio"/>
<img src="x9.jpg" width="280" height="280" class="all studio"/>
</div>
<div class="albums-tab-text">鼠标放图片上显示另外 8 张图像</div>
</div>
```

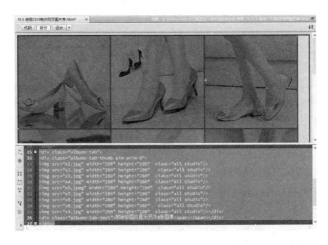

图 19-17　插入图像效果

(2) 在<head>和</head>中输入样式代码，用来定义图像效果，如图 19-18 所示。

```
<style>
.sim-anim-9{
    position: relative;
    -webkit-perspective: 500px; /* Chrome, Safari, Opera */
    perspective: 500px;
    }
.sim-anim-9 img{
    position: absolute;
    -webkit-transition: all 0.5s;
    -moz-transition: all 0.5s;
    -o-transition: all 0.5s;
    transition: all 0.5s;
    left: 395px;
    top: 162px;
    }
.sim-anim-9:hover img{
    z-index: 1;
    }
.sim-anim-9:hover img:nth-child(1){
    -ms-transform: translate(0,75%) scale(0.7,0.7) rotateX(10deg);
    -webkit-transform: translate(0,75%) scale(0.7,0.7) rotateX(10deg);
    transform: translate(0,75%) scale(0.7,0.7) rotateX(10deg);
    }
.sim-anim-9:hover img:nth-child(2){
    -ms-transform: translate(72%,75%) scale(0.7,0.7) rotateX(10deg);
    -webkit-transform: translate(72%,75%) scale(0.7,0.7) rotateX(10deg);
    transform: translate(72%,75%) scale(0.7,0.7) rotateX(10deg);
    }
.sim-anim-9:hover img:nth-child(3){
    -ms-transform: translate(-72%,75%) scale(0.7,0.7) rotateX(10deg);
    -webkit-transform: translate(-72%,75%) scale(0.7,0.7) rotateX(10deg);
    transform: translate(-72%,75%) scale(0.7,0.7) rotateX(10deg);
    }
.sim-anim-9:hover img:nth-child(4){
    -ms-transform: translate(-72%,0) scale(0.7,0.7) rotateX(10deg);
    -webkit-transform: translate(-72%,0) scale(0.7,0.7) rotateX(10deg);
    transform: translate(-72%,0) scale(0.7,0.7) rotateX(10deg);
    }
.sim-anim-9:hover img:nth-child(5){
    -ms-transform: translate(72%,0) scale(0.7,0.7) rotateX(10deg);
    -webkit-transform: translate(72%,0) scale(0.7,0.7) rotateX(10deg);
    transform: translate(72%,0) scale(0.7,0.7) rotateX(10deg);
    }
.sim-anim-9:hover img:nth-child(6){
    -ms-transform: translate(72%,-70%) scale(0.7,0.7) rotateX(10deg);
```

```
   -webkit-transform: translate(72%,-70%)  scale(0.7,0.7) rotateX(10deg);
   transform: translate(72%,-70%)  scale(0.7,0.7) rotateX(10deg);
   }
.sim-anim-9:hover img:nth-child(7){
   -ms-transform: translate(-72%,-70%)  scale(0.7,0.7) rotateX(10deg);
   -webkit-transform: translate(-72%,-70%)  scale(0.7,0.7)
rotateX(10deg);
   transform: translate(-72%,-70%)  scale(0.7,0.7) rotateX(10deg);
   }
.sim-anim-9:hover img:nth-child(8){
   -ms-transform: translate(0,-70%) scale(0.7,0.7) rotateX(10deg);
   -webkit-transform: translate(0,-70%) scale(0.7,0.7) rotateX(10deg);
   transform: translate(0,-70%) scale(0.7,0.7) rotateX(10deg);
   }
.sim-anim-9:hover img:nth-child(9){
   -ms-transform: scale(0.7,0.7) rotateX(10deg);
   -webkit-transform:scale(0.7,0.7) rotateX(10deg);
   transform: scale(0.7,0.7) rotateX(10deg);
   }
body {background-color: #FFB7B8;}
</style>
```

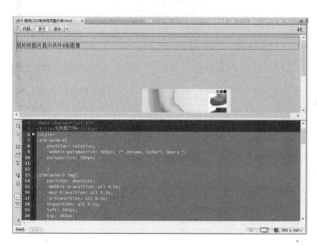

图 19-18　定义图像效果

本 章 小 结

　　CSS 3 提供了一系列强大的功能，如许多新的 CSS 属性(文字、布局、颜色等)，各种 CSS 特效，甚至还支持 CSS 动画、元素的变换。这些 CSS 新特性在现阶段可以说都是非常强大和完善的，只需要加入几行简单的 CSS 代码便可以实现一系列令人眼前一亮的效果，这比我们之前用 JavaScript 去模拟这样的效果要好得多，不仅降低了复杂度，变得易维护，在性能上也突飞猛进了。本章只是讲述了简单的基础知识。

练 习 题

1. 填空题

(1) CSS 3 中引入了新特性和新功能。这些新特性极大地增强了 Web 程序的表现能力，同时简化了_____的编程模型。

(2) CSS 3 圆角只需设置一个属性：_____。为这个属性提供一个值，就能同时设置 4 个圆角的半径。CSS 度量值都可以使用 em、ex、pt、px、百分比等。

2. 操作题

设计一个多级导航菜单，如图 19-19 所示。

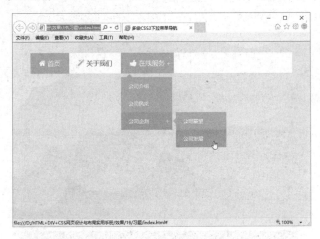

图 19-19　多级导航效果

第 20 章 设计和制作适合手机浏览的网页

【学习目标】

随着手机端承载的信息越来越多，移动网站的设计也逐渐被重视，移动网站一度成为热潮。手机的屏幕大小是有限的，所以这就使得移动端网页一定要简单但是却要够夺目、够吸引人。简单即是简单明了，因为简单，打开的速度也会更快。网站的信息内容要能够精彩夺目，以便利用户轻松看到。这样处处为用户思考的网站必定更简单被认可和承受。

20.1 怎样进行网站策划

如果网站策划得好可以说已经成功一半了，甚至会事半功倍，在以后的运营中会省掉很多麻烦。如果网站建设前期不做好网站策划，等网站运营到一定的程度时就会发现网站有很多问题，投入很多却不见效果。下面讲述怎样进行网站策划。

20.1.1 网站策划的原则

网站失败的原因各不相同，但是成功的原因却有着相似的策划理念。如果想要使自己的网站成功，就得借鉴其他网站成功的经验，以下这些原则是一个成功网站必不可少的前提。

1. 保持网页的朴素

一个好的网站最重要的一点就是页面简单、朴素。网页设计者很容易掉入这样一个陷阱，即把所有可能用到的网页技巧，如飘浮广告、网页特效、GIF 动画等都用上。使用一些网页技巧无可厚非，但如果多了的话就会让访问者眼花缭乱，不知所措，也不会给他们留下很深的印象。当要使用一个技术时，记住先问一问自己：在网页上加入这个技术有什么价值？是否能更好地向访问者表达网站的主题？

2. 简单有效

许多人会被网站的奇特效果所迷惑，而忽视了信息的有效性。保持简单的真正含义就是：如何使网站的信息与访问者所需要的一样。应该把技术和效果用在适当的地方，即用在有效信息上，让访问者关注他们想要的东西。

3. 了解用户

发布网站的目的就是希望网民浏览，而这些网民就是网站的用户。越了解网站的用户，网站影响力就会越大。如果用户希望听到优美的音乐，那么就在网页上添加合适的背景音乐。一个好站点的定义是：通过典雅的风格设计提供给潜在用户高质量的信息。

4．清晰的导航

对一个好的网站来说，清晰的导航也是最基本的标准。应该让访问者知道在网站中的位置，并且愉快地通过导航的指引浏览网站。例如可以做到的一件事情就是"下一步"的选择数目尽量少，以便用户不会迷失在长长的选择项目列表中。

5．快捷

让用户在获取信息时不要超过 3 次点击。当访问者在访问一个网站时，如果点击了七八次才能找到想要的信息，或者还没找到，他肯定会离开你的网站去别的网站查找了，而且可能再也不会来你的网站了。访问者进入网站后，他应该可以不费力地找到所需要的资料。

6．30 秒的等待时间

有一条不成文的法则：当访问者在决定下一步该去哪之前，不要让他在当前所处页面的下载时间超过 30 秒。保证页面有个适度的大小而不会被无限制地下载。

7．平衡

平衡是一个好网站设计的重要部分，如文本和图像之间的平衡、背景图像和前景内容之间的平衡。

8．测试

一定要在多种浏览器、多种分辨率下测试每个网页。现在 Firefox 用户越来越多，至少要在 Firefox 和 Internet Explorer 下都测试一遍。

9．学习

网站风格、页面设计只是网站策划的一小部分内容，必须有好的网站策划思想才能策划出好的页面，因为页面是用户体验的一个重要部分。网站策划与设计是一个不断学习的过程，技术和工具在不断进步，现在又流行 DIV+CSS 了，网民的上网习惯及方式也在不断变化，这一切都需要我们不断学习、不断进步。

20.1.2　网站策划的关键点

网站策划是网站能够成功的一个关键因素。在网站策划中，有两个核心关键点最需要注意。

1．不受经验约束

网站策划没有固定的模式，重要的是符合商业的战略目标。很多策划人员在策划会员管理的注册流程时，喜欢把注册流程简化，目的就是为了让用户能够很快就注册完毕。但是，这并不适合所有网站。成立于 1999 年的 rent.com 是美国最受欢迎的公寓租赁网站，2005年 2 月 rent.com 被 eBay 以 4.33 亿美元收购。后来有人总结它成功的一个重要因素，就是它比其他租赁网站有着更为繁复的用户注册流程，rent.com 在用户注册流程上收集了比其他租赁网站更多的顾客信息。这样做带来的好处是 rent.com 的用户成交率大大提高。

当然并不是说所有网站都应该这样做，重要的是根据每个网站的经营目标来定。像一些 Web 2.0 的网站，并不需要为每个用户定制服务，也就没有必要去搜集那些用不上的信息。而 rent.com 这样的网站需要通过注册搜索到用户的很多信息，这些信息可以为用户提供差异化的服务。

2. 系统思维

先举个例子，1997 年，世界卫生组织宣布要在非洲消灭疟疾。但是 8 年后，非洲的疟疾发病率整整提高了几倍。为什么初衷很好，但造成的后果却更加严重呢？原因是世界卫生组织在制定目标之后，开始大量采购一家日本公司的药品，使当地生产疟疾药物的厂商倒闭，进而导致当地一种可以治疗疟疾的植物无人种植，结果预防疟疾的天然药物由此消失。管理学大师彼得·圣吉总结认为，造成这个结果的重要原因在于没有系统性地思考，只治标不治本。"他们没有看到种棉花的农民也在其中起作用，更没有意识到预防疟疾的天然药物到底起什么作用，外来的系统如果不考虑原来体系的话就只能是适得其反。"

对于互联网策划而言，道理是一样的，系统思维就在推出功能点并做出决策时，需要考虑所有的因素。一个功能可能从一个方面看上去会给用户带来价值，但是从另外一个角度或从长久来看，是不是有价值，这就需要找到平衡点，进而找到解决问题的关键。

20.2 网站的定位

做网站时，首先要解决两个问题：一是网站有没有定位；二是网站定位是不是合适。如果不能够用一句话来概括网站是做什么的，那么网站就没有清晰的定位。网站有定位也不一定是对的，定位于一个竞争激烈的市场或者已经饱和的市场，跟没有定位是没有差别的。所以，一个网站不仅要有定位，而且要有一个差异化的定位。不是为了差异化而差异化，而是为了目标用户群的需求而差异化，为了市场空间的不同而差异化。

有清晰而合适的定位，本身就是一种竞争的优势，能比对手少走弯路，以更少的资源做更多的事，所以也比竞争对手跑得更快、走得更远。

在网站发展的初始阶段，网站的目标最好要够小，小并不一定就不好，大并不一定就好。目标很高远，定位很宏大，并不代表网站就能达到定位希望实现的目标。为了实现大目标，最好从小目标开始。

定位小目标，也不是否定将来的大目标。精确的定位反而有利于网站的进一步发展，因为在不同的发展阶段定位是可以变化的。

网站目标定位不仅要小，而且还需要找到一个基点，这个点是网站创立、发展、壮大的依靠点，像迅雷以下载为基点、百度以搜索为基点等。刚开始时，这个点可能很小，但是网站发展壮大之后，就可以繁衍出无数的应用。如果一开始点太大太多，什么都想做，什么都不肯放弃，最后的结果将是什么都得不到。

确定网站的定位，就要找到这个基点，需要从以下 3 个方面考虑：第一，要有良好的性价比的市场空间；第二，网站定位必须考虑用户的新需求；第三，相比于竞争对手应具有独特优势。

1．网站定位必须考虑市场前景，找到性价比高的市场空间

如果现在做门户网站，也许投入上亿元，都不能保证做得好。因为这个市场经过多年的发展，基本格局已经定下来了，要跻身门户的行列，需要花费大量的人力、资金和资源，也不一定能建立起来。用户的习惯、门户本身的优势都不是一天建立起来的，这都是长期积累的结果。

确定网站的定位要找到性价比高的市场。什么是性价比高的市场？我们从用户的需求考虑这个问题。比如率先进入网络销售钻石等 B2C 领域。当初 hao123 的网址导航网站是性价比高的典型例子。

2．网站定位必须考虑用户的新需求

用户的需求分为已满足的需求和尚未满足的需求。进入已充分满足需求的领域，成本将会非常高；如果能找到用户未被满足的需求，进入成本就会大大降低，而网站成功的可能性也会增大。如率先进入了某些行业的网络 B2C 直销服务。

3．网站定位必须考虑竞争对手，找到独特的竞争优势

网站要有独特的优势，如当初的 Google 搜索引擎，这是竞争对手一时难以企及的。拥有了这些独特的竞争优势，网站也会迅速成长起来。

总之，前面的几点可以总结为一点，那就是用户价值。能够提供给用户价值的网站最终都能实现商业价值的转化。最后，在确定网站定位之前，可以反思一下：如果网站这样定位能给用户提供什么样的价值？这个价值是不是用户需要的？如果需要，有多少用户需要它？用户是不是愿意为它付钱？这样的价值是不是其他网站已经提供了？这样的价值是不是其他网站也很容易提供？

20.3　确定网站的目标用户

当中小企业投资建立企业网站后，有很多的中小企业每天都在关注企业网站的流量，想知道每天能有多少人在查询网站内容，以此来推断企业网站的作用，流量越多则说明成交的机会越多；也有部分的中小企业更注重通过网站来得到目标用户。得到更多的目标用户，就说明增加了生意的成交概率。不过，到底是流量重要还是用户重要呢？

很多网站经营者不知道网站的目标用户群在哪里，更不用说了解网站的目标群了。而

这又恰恰是一个决定网站质量的直接因素。不要只是盲目地做网站，要花点时间弄清楚网站的目标用户群，进一步了解他们，让网站发挥更大的作用。

选择好目标用户，做起网站来也就更明确了。了解用户需要什么，才能更好地为用户服务。只有针对目标用户，网站的作用才能得到更好的发挥。如果只是为了流量而投入太大，那就太不值得了。试想如果浏览者不是目标用户，网站没有他想要的东西，他再次来的机会就很渺茫了。这样的点击可谓真正的"无效点击"。而我们要的是有效点击，只有有效的点击才能给网站带来效益。网站必须有明确的目标用户群，才能充分发挥网站的作用，实现效益最大化。

20.4　网站的内容策划

网站的内容策划，就是策划网站需要什么样的内容，内容以什么样的方式产生、以什么样的方式组织。这里所指的网站内容策划包括了网站整体架构的策划，同时也包括具体栏目、板块、功能的策划，产品和服务的详细功能、规则及流程也属于网站的内容策划。

20.4.1　网站内容策划的重要性

首先一个成功的网站一定要注重外观布局。外观是给用户的第一印象，给浏览者留下一个好的印象，那么他看下去或再次光顾的可能性才会更大。但是一个网站要想留住更多的用户，最重要的还是网站的内容。网站内容是一个网站的灵魂，内容做得好，做到有自己的特色，才会脱颖而出。做内容一定要做出自己的特点。当然有一点需要注意的是不要为了差异化而差异化，只有满足用户核心需求的差异化才是有效的，否则跟模仿其他网站功能没有实质的区别。

一般的网站都讲究实用，有用才是最重要的。如 hao123 这个网站，既没艺术，又没技术，可为什么这个网站很成功？一个很重要的原因就是实用。中国网民上网，一般不愿意甚至不会输入冗长的难记的网址。所以 hao123 这个网址导航网站很实用。

形式美只会给浏览者留下一个好的印象，好的印象固然可以让浏览者进一步浏览网站。可如果从网站上看到的都是些垃圾信息，没有浏览者需要的实用信息，那么浏览者估计很快就会离开。

20.4.2　如何做好网站内容策划

网站的内容是浏览者停留时间的决定要素，内容空泛的网站，访客会匆匆离去。只有内容充实丰富的网站，才能吸引访客细细阅读，深入了解网站的产品和服务，进而产生合作的意向。

每个用户都有其理性需求与感性需求，网站内容要想打动浏览者，归根结底无非是 8 个字：晓之以理，动之以情。

1. 晓之以理

晓之以理，即以理性的语言向客户透彻介绍产品与服务，并清晰地指出企业的优势所在，让客户可以明确地进行选择。然而，"理性"不等于枯燥，要让客户信服，采用以下方法，可以更好地向客户讲"理"。

图片说话：俗话说一图胜千言，与其大篇幅地介绍公司的规模、架构、企业文化，不如采用图片来与客户沟通。好的图片可以令客户更真实地了解企业，并产生信赖感。

案例佐证：过于夸大产品优点，有"王婆卖瓜"的嫌疑，采用案例就可信得多了，详细地介绍重点案例，会令网站的信任指数大大提升。

突出数字和图表：浏览者在网站上停留的时间往往很短，突出数字和图表可以帮助浏览者在短时间内了解网站的实力和优势，减少阅读的时间。

2. 动之以情

动之以情，即以客户喜爱的语言和内容来打动客户，令客户停留。

亲切的问候与提示：网站的问候与提示多用敬语，如"请""您""谢谢""对不起"等，令客户觉得亲切与温馨。

讲故事的叙述方式：试着采用更轻松的表达方式，无论是介绍公司还是说明产品，采用朋友般的语气跟客户沟通，让客户阅读起来更加轻松，也更容易接受。

给予用户足够的帮助：当用户阅读网站内容时，给予用户充分的提示和帮助，如产品的帮助文档、操作步骤说明、问题解答等，让客户感觉如同有一位热情的销售人员在为其提供服务，从而倍感亲切。

20.5　手机网页设计

现在越来越多的人通过手机上网，未来移动互联网市场会越来越大，但是现在很多手机网页设计制作大都不尽如人意。

在手机网页的设计制作中，不仅要考虑分辨率、尺寸大小的兼容，而且还要考虑不同的手机屏幕的形状。注意要尽量把手机网页制作成简洁的风格，因为手机没有鼠标，只能向上和向下，用户不能方便地切换页面。

设计制作手机网页要"记住"用户看的内容的位置，以便他们随时返回浏览。最好不要使用大段的内容，相反，要把手机网页的内容制作成几个小的部分，引起他们的关注。记住，这些手机用户没有时间去浏览大段的内容。

手机网页设计原则。

(1) 客户端的 Logo，在各个手机上都应该清晰地显示。

(2) 标题或者底部栏必须 100%地与手机宽度适配。

(3) 文字内容如果显示不下的话，可以自动适配宽度进行折行。

(4) 图片可以根据宽度进行自动缩放，屏幕宽度超过图片本身时，显示图片本身的大小。

(5)　适配过程中，界面的元素的宽高最小值应该符合用户的主观舒适范围值。

现在的移动互联网的速度越来越快，不过因为手机浏览器的特点，用户浏览起来并不像电脑浏览器那样可以同时打开多个页面，而且用户还要看信息、接电话、发微博、聊 QQ 等。我们的设计应该简略而夺目，在宝贵的用户浏览机会中赢得用户的注意。而且随着用户的可选择的手机网页的信息不断增多，很多时候他们往往是在极短的时间内完全根据自己瞬间的好恶来判断信息对自己是否有价值。

20.6　整体布局

下面就来具体分析和介绍这个案例的完整开发过程。希望通过这个案例的演示，使读者不但了解一些技术细节，而且能够掌握一套遵从 Web 标准的网页制作流程。

20.6.1　设计分析

如图 20-1 所示的本例制作的网站首页，主要包括"菜品分类""招商加盟""团购打折""联系我们"等栏目。

图 20-1　网站主页

这个页面竖直方向分为上、中、下 3 个部分，其中顶部是 banner 和导航，中间的内容区域分为左右两列展示正文内容，底部是"返回首页""打电话""发短信""地图"等栏目。

一个移动网站指定风格时，保持所有的东西简洁，尽量追求小页面是非常有必要的。正常情况下大多数手机载入的图片对它们来说都非常繁重，所以在相关地方使用的图像要尽可能的小，而且图片应该是 JPEG、GIF 或者 PNG 格式的，因为这些格式的图片很小。另外确保你的图片被压缩过，以免图片在页面中变得很大。还有，值得一提的是：用户经常会浏览到没有打开的图片。因此，最好始终使用 alt 文本，这是一个值得推荐的做法。

20.6.2　排版架构

在理解了网站的基础上，我们开始搭建网站的内容结构。现在完全不要管 CSS，而是完全从网页的内容出发，根据上面列出的要点，通过 HTML 搭建出网页的内容结构。如图 20-2 所示的是搭建的 HTML 在没有使用任何 CSS 设置的情况下，使用浏览器观察的效果。

图 20-2　HTML 结构

任何一个页面都应该尽可能保证在不使用 CSS 的情况下，依然保持良好的结构和可读性，这不仅仅对访问者很有帮助，而且有助于网站被百度、Google 等搜索引擎了解和收录，这对于提升网站的访问量是至关重要的。

本网站的页面内容很多，页面整体部分放在一个大的 class 名为 pw 的<div>对象中，其HTML 架构如下。

```html
<div class="pw">
    <header class="body_header">
        <div class="top">
            <div class="logo"><img src="images/logo.png"></div>
            <div class="menu">
                营业时间<br>
                上午：9.00am<br>
```

```
                    下午: 10.00pm
                </div>
            </div>
</header>
<section class="body_banner">
    <div class="swipe">
        <ul id="slider">
            <li style="display:block"><img width="100%"
                src="images/banner1.jpg"/></li>
            <li><img width="100%" src="images/banner2.jpg"/></li>
            <li><img width="100%" src="images/banner3.jpg"/></li>
            <li><img width="100%" src="images/banner4.jpg"/></li>
        </ul>
        <div id="pagenavi">
            <a href="javascript:void(0);" class="active">1</a>
            <a href="javascript:void(0);">2</a>
            <a href="javascript:void(0);">3</a>
            <a href="javascript:void(0);">4</a>
        </div>
    </div>
    <script type="text/javascript" src="js/touchScroll.js"></script>
    <script type="text/javascript"
    src="js/touchslider.dev.js"></script>
    <script type="text/javascript" src="js/run.js"></script>
</section>
<section class="body_main">
    <div class="trip" id="nav">
        <ul class="nav">
        <li><a href="list.html"><img src="images/nov01.png"><br>菜品分
            类</a></li>
        <li><a href="about.html"><img src="images/nov02.png"><br>招商
            加盟</a></li>
        <li><a href="list.html"><img src="images/nov03.png"><br>团购打
            折</a></li>
        <li><a href="cont.html"><img src="images/nov04.png"><br>联系我
            们</a></li>
        </ul>
    </div>
    <div class="trip">
        <div class="index_left">
        <ul>
        <li><a href="list.html"><img src="images/pro01.jpg"></a></li>
        <li><a href="list.html"><img src="images/tuijian.png">
        <img src="images/pro02.jpg"></a></li>
        <li><a href="list.html"><img src="images/pro03.jpg">
        <img src="images/meiwei.png"></a></li>
```

```html
    </ul>
    </div>
    <div class="index_right">
    <ul>
    <li class="emem"><a href="list.html"><img
        src="images/pro04.jpg"></a></li>
    <li class="bmbm">
    <img src="images/zzh.png"><br>
2017 年，餐饮界大洗牌，成为人们关注并认同的话题，无疑，回归理性消费是
一直以来社会所倡导的文明...<br>
    <span><a href="about.html"><img
        src="images/more.png"></a></span>
    </li>
    </ul>
    </div>
    </div>
</section>
<div class="body_footer">
    <ul>
        <li>
            <a href="index.html">
                <dl>
                    <dt><img alt="返回首页"
                            src="images/icon_1.png"></dt>
                    <dd>返回首页</dd>
                </dl>
            </a>
        </li>
        <li>
            <a title="打电话" href="tel_3A//4006771971">
                <dl>
                    <dt><img alt="打电话" src="images/icon_4.png"></dt>
                    <dd>打电话</dd>
                </dl>
            </a>
        </li>
        <li>
            <a title="发短信" href="messages.html">
                <dl>
                    <dt><img alt="发短信" src="images/icon_5.png"></dt>
                    <dd>发短信</dd>
                </dl>
            </a>
        </li>
        <li>
```

```
            <a href="../../../../map.baidu.com/mobile/#place/list/
               qt=s&wd=&vt=map/vt=map&i=8">
                        <dl>
                             <dt><img alt="地图" src="images/icon_3.png"></dt>
                             <dd>地图</dd>
                        </dl>
                </a>
            </li>
        </ul>
    </div>
</div>
```

20.7　制　作　首　页

从功能上来看，首页主要承担着树立企业形象的作用，首页在导航方面起着重要的作用，比如各栏目内部主要内容的介绍，都可以在首页中体现，再进入普通页，让浏览者能够迅速了解网站各栏目的主要内容，择其需要而浏览。首页设计历来是网站建设的重要一环，不仅因为"第一印象"至关重要，而且直接关系到网站各频道首页及频道以下各级栏目首页的风格和框架布局的协调统一等连锁性问题，是整个网站建设的"龙头工程"。

20.7.1　定义页面的整体样式

网页设计中我们通常需要统一网页的整体风格，统一的风格大部分涉及网页中文字属性、网页背景色以及链接文字属性等，如果我们应用 CSS 来控制这些属性，会大大提高网页设计速度，更加统一网页总体效果。

建立文件后，首先要对整个页面的共有属性进行一些设置，例如对字体、链接样式、背景颜色等属性进行设置。

```
body,div,h1,h2,h3,h4,h5,h6,hr,p,blockquote,dl,dt,dd,ul,ol,li,pre,form,fi
eldset,legend,button,input,textarea,th,td{margin:0;padding:0}
body { font-size:14px; line-height:150%;text-align:left; color:#666;
font-family:"微软雅黑","Arial Black", Gadget, sans-serif;
background:url(../images/bg.jpg) left top repeat; }
img{ border:0; -ms-interpolation-mode:bicubic; margin:0; padding:0;}
a:link {color:#666; text-decoration:none; outline:none;}
a:visited {color:#666; text-decoration:none;}
a:hover { color:#510449; text-decoration:none;}
a:active { color:#510449; text-decoration:none;}
ul,li{list-style:none;}
.pw{min-width:320px; background:none repeat scroll 0% 0%;
margin:0px auto;overflow:hidden; min-height:480px; width:100%;
padding-bottom:51px;}
```

20.7.2　body_header 部分制作

顶部的 Logo 和营业时间在 body_header 对象中，如图 20-3 所示。

图 20-3　顶部的 Logo 和营业时间在 body_header 对象中

<header>标签是一种具有引导和导航作用的结构元素，通常用来放置整个页面或页面内的一个内容区块的标题，但也可以包含其他内容，例如数据表格或 Logo 图片。这里用<header>包含了网站的 Logo 和营业时间文字。body_header 部分的 HTML 代码如下。

```html
<header class="body_header">
    <div class="top">
        <div class="logo"><img src="images/logo.png"></div>
        <div class="menu">
            营业时间<br>
            上午: 9.00am<br>
            下午: 10.00pm
        </div>
    </div>
</header>
```

body_header 部分的 CSS 代码如下。

```css
.body_header{ clear:both;}
.top{ clear:both; height:80px; width:98%; margin:0 auto;}  /* 设置顶部div
的宽度和高度 */
.logo{ float:left; margin-top:10px;}  /* 设置Logo向左浮动 */
.menu{ float:right;  /* 设置营业时间文字向右浮动 */
    margin-top:10px;  /* 设置文字顶部边界 */
    font-size:16px;  /* 设置文字的字号 */
    font-weight:bold;  /* 设置文字的加粗 */
    color:#6e4a3b; /* 设置文字的颜色 */
    }
```

20.7.3　body_banner 部分制作

翻转的 banner 图片在 body_banner 对象中，如图 20-4 所示。

图 20-4　翻转的 banner 图片

<section>标签用于对网站或应用程序中页面上的内容进行分块。一个<section>元素通常由内容及其标题组成。这里设置了 banner1.jpg、banner2.jpg、banner3.jpg、banner4.jpg 四幅图片，并且利用 JavaScript 程序制作成翻转效果。body_banner 部分的 HTML 代码如下。

```
<section class="body_banner">
        <div class="swipe">
            <ul id="slider">
            <li style="display:block"><img width="100%"
src="images/banner1.jpg"/></li>
                <li><img width="100%" src="images/banner2.jpg"/></li>
                <li><img width="100%" src="images/banner3.jpg"/></li>
                <li><img width="100%" src="images/banner4.jpg"/></li>
            </ul>
            <div id="pagenavi">
                <a href="javascript:void(0);" class="active">1</a>
                <a href="javascript:void(0);">2</a>
                <a href="javascript:void(0);">3</a>
                <a href="javascript:void(0);">4</a>
            </div>
        </div>
        <script type="text/javascript" src="js/touchScroll.js"></script>
        <script type="text/javascript"
src="js/touchslider.dev.js"></script>
        <script type="text/javascript" src="js/run.js"></script>
    </section>
```

body_banner 部分的 CSS 代码如下。

```
.swipe{width:100%;overflow:hidden;position:relative;}
.swipe ul{                    /*banner 轮播*/
    -webkit-transition:left 800ms ease-in 0;
    -moz-transition:left 800ms ease-in 0;
     -o-transition:left 800ms ease-in 0;
    -ms-transition:left 800ms ease-in 0;
```

```
        transition:left 800ms ease-in 0;
}
.swipe
#pagenavi{position:absolute;left:0;bottom:5px;text-align:center;width:10
0%;
background:rgba(000, 000, 000, 0.6)!important; filter:Alpha(opacity=60);
padding:10px;}
.swipe #pagenavi a{width:14px; height:14px; line-height:99em;
background:#fff;
-webkit-border-radius:50%; -moz-border-radius:50%; border-radius:50%;
margin:0 4px; overflow:hidden; cursor:pointer; display:inline-block;
*display:inline; *zoom:1; position:relative;}
.swipe #pagenavi a.active{background:#ff0; position:relative;}
```

20.7.4 body_main 部分制作

导航菜单和正文部分在 body_main 对象中，如图 20-5 所示。

图 20-5　导航菜单和正文部分在 body_main 对象中

导航菜单在 id 为 nav 的<div>内，正文部分在 class 为 trip 的<div>内，这部分的 HTML
代码如下。

```
<section class="body_main">
    <div class="trip" id="nav">
        <ul class="nav">
        <li><a href="list.html"><img src="images/nov01.png"><br>菜品
            分类</a></li>
        <li><a href="about.html"><img src="images/nov02.png"><br>招商
            加盟</a></li>
```

```
            <li><a href="list.html"><img src="images/nov03.png"><br>团购
                打折</a></li>
            <li><a href="cont.html"><img src="images/nov04.png"><br>联系
                我们</a></li>
        </ul>
    </div>
    <div class="trip">
        <div class="index_left">
            <ul>
            <li><a href="list.html"><img
                src="images/pro01.jpg"></a></li>
            <li><a href="list.html"><img src="images/tuijian.png">
                <img src="images/pro02.jpg"></a></li>
            <li><a href="list.html"><img src="images/pro03.jpg">
                <img src="images/meiwei.png"></a></li>
            </ul>
        </div>
        <div class="index_right">
            <ul>
            <li class="emem"><a href="list.html"><img
                src="images/pro04.jpg"></a></li>
                <li class="bmbm">
                <img src="images/zzh.png"><br>
            2017 年，餐饮界大洗牌，成为人们关注并认同的话题，无疑，回归理性消费
            是一直以来社会所倡导的文明...<br>
                    <span>
            <ahref="about.html"><img src="images/more.png"></a></span>
                </li>
            </ul>
        </div>
    </div>
</section>
```

其 CSS 代码如下。

```
#nav{ height:90px; background:url(../images/navbg.png) left bottom
repeat-x;}
.nav li{ width:25%; float:left; text-align:center; line-height:16px;
font-size:16px;}
.nav li a{ color:#fff;}
.body_banner{ clear:both;}
.body_main{clear:both; margin-top:-5px;}
.trip{ clear:both;}
.index_left{ float:left; width:174px; background:#fff;}
.index_left li{ border:2px #fff solid;}
.index_right{ border:2px #fff solid; width:132px; float:right;}
.emem{ text-align:center; background:#fff;}
```

```
.bmbm{ padding:10px 10px 0 10px; color:#fff; height:210px;
background:-webkit-gradient(linear, 0 0, 0 100%, from(#ffd942),
to(#ffa20f));background:-moz-linear-gradient(top, #ffd942, #ffa20f);
filter:progid:DXImageTransform.Microsoft.gradient(startColorstr=#ffd942,
endColorstr=#ffa20f,grandientType=0);}
.bmbm span{ float:right;}
```

20.7.5　body_footer 部分制作

底部的导航部分在 body_footer 对象中，如图 20-6 所示。

图 20-6　底部的导航部分

这部分主要包括"返回首页""打电话""发短信""地图"，其 HTML 代码如下所示。

```
<div class="body_footer">
    <ul>
        <li>
            <a href="index.html">
                <dl>
                    <dt><img alt="返回首页"
                        src="images/icon_1.png"></dt>
                    <dd>返回首页</dd>
                </dl>
            </a>
        </li>
        <li>
            <a title="打电话" href="tel_3A//4006771971">
                <dl>
                    <dt><img alt="打电话" src="images/icon_4.png"></dt>
                    <dd>打电话</dd>
                </dl>
            </a>
        </li>
        <li>
            <a title="发短信" href="messages.html">
                <dl>
                    <dt><img alt="发短信" src="images/icon_5.png"></dt>
                    <dd>发短信</dd>
                </dl>
            </a>
        </li>
```

```
        <li>
        <a href="../../../../map.baidu.com/mobile/#place/list/
            qt=s&wd=&vt=map/vt=map&i=8">
                <dl>
                    <dt><img alt="地图" src="images/icon_3.png"></dt>
                    <dd>地图</dd>
                </dl>
            </a>
        </li>
    </ul>
</div>
```

其 CSS 代码如下所示。

```
.body_footer{width:100%; height:51px; background:url(../images/nav.jpg)
left bottom repeat-x; position:fixed; bottom:0;}
.body_footer ul{width:100%;}
.body_footer ul li{width:25% ; float:left; color:#fff;
background:url(../images/line.jpg) right top no-repeat;}
.body_footer ul li:hover{width:25% ; float:left; color:#fff;
background:url(../images/nav01.jpg) left bottom repeat-x;}
.body_footer ul li a{width:100%; height:46px; display:block;
padding-top:5px;}
.body_footer ul li a:hover { color:#ff0;}
.body_footer ul li dl{width:auto; margin:0 auto; text-align:center;}
.body_footer ul li dt{width:auto; height:25px; overflow:hidden;}
.body_footer ul li dd{width:auto; height:20px; font-size:12px; color:#fff;
line-height:20px; overflow:hidden;}
```

本 章 小 结

　　现在手机的功能越来越多，而这就使得用手机浏览网页的用户越来越多。移动端页面的设计和 PC 端页面设计是有很多不同的，对于移动端的设计，需要从用户的角度来思考一些细节如何设计，懂得从用户的角度来设计网站。对于手机网站的浏览，用过手机的人应该都知道，每个人的手机往往都不一样，不像电脑那样，就那几个屏幕尺寸。移动网站制作设计应该方便用户触摸与滑动查找。

练 习 题

　　制作一个如图 20-7 所示的移动网页。

图 20-7　移动网页

第 21 章　公司宣传网站的布局

【学习目标】

企业在网上形象的树立已成为企业宣传的重点，越来越多的企业更加重视自己的网站。企业通过对企业信息的系统介绍，让浏览者了解企业所提供的产品和服务，并通过有效的在线交流方式搭起客户与企业间的桥梁。企业网站的建设能够提高企业的形象和吸引更多的人关注公司，以获得更大的发展。在本章中将分析、策划、设计制作一个完整的企业网站。通过这个综合案例的学习，读者不仅可以了解其中的技术细节，而且能够掌握一套遵从 Web 标准的网页设计流程。

本章主要内容包括：

(1)　CSS 布局理念；

(2)　网页的综合设计制作。

21.1　案　例　概　述

如图 21-1 所示本例制作的网站首页，主要包括"首页""关于我们""最新动态""网上预订""温馨客房""特色餐饮"和"会议会务"等栏目。

图 21-1　网站主页

这个页面竖直方向分为上中下 3 个部分，其中上下两部分的背景会自动延伸，中间的内容区域分为左右两列，左列为主要栏目导航，右列是网站的公司介绍和图片展示等正文内容。这个页面具有很好的用户体验，例如左侧导航菜单具有鼠标指针经过时发生变化的效果，如图 21-2 所示。

图 21-2   鼠标指针经过导航菜单的效果

21.2   内 容 分 析

下面就来具体分析和介绍这个案例的完整开发过程。希望通过这个案例的演示，使读者不但了解一些技术细节，而且能够掌握一套遵从 Web 标准的网页制作流程。

首先要确定一个问题，设计制作一个网站的第一步是什么？设计一个网页的第一步是这个网页的内容。一个网站要想留住更多的用户，首要的是网站的内容。网站内容是一个网站的灵魂，内容做得好，做到有自己的特色才会脱颖而出。当然有一点需要注意的是不要为了差异化而差异化，只有满足用户核心需求的差异化才是有效的，否则跟模仿其他网站功能没有实质的区别。

网站的内容是浏览者停留时间的决定要素，内容空泛的网站，访客会匆匆离去。只有内容充实丰富的网站，才能吸引访客细细阅读，深入了解网站的产品和服务，进而产生合作的意向。

在这个网站页面中，首先要有明确的公司名称或网站标志，此外要给访问者方便地了解这个网站信息的途径，包括自身介绍、联系方式等内容的链接，接下来，这个网站的主要目的是宣传公司，因此必须有清晰的导航结构。

我们要制作的这个网站要展示哪些内容呢？大致应包括如下内容。

- 标题；
- 导航栏；
- 公司介绍；
- 新闻动态；

- 图片展示;
- 网上订购;
- 联系信息;
- 其他导航信息。

21.3　HTML 结构设计

在理解了网站的基础上，我们开始搭建网站的内容结构。现在完全不要管 CSS，而是完全从网页的内容出发，根据上面列出的要点，通过 HTML 搭建出网页的内容结构。如图 21-3 所示的是搭建的 HTML 在没有使用任何 CSS 设置的情况下，使用浏览器观察的效果。

金色海岸旅游

- 首　页
- 关于我们
- 最新动态
- 温馨套房
- 特色餐饮
- 会议会务
- 出游指南
- 网上预订
- 行车路线
- 联系我们

快速联系我们
Tel: 001-000-1000
Fax: 002-000-2000
Email: webmaster@xxx.com

公司介绍

　　度假村拥有套房、标准间百余套，独体别墅6栋，日接待能力350余人，配有能同时容纳350人的大宴会厅、大小包间7间、露天用餐的河边长廊，10~300人的大小会议室4间及配套娱乐设施，及绿色无公害蔬菜基地，是您餐饮、住宿、娱乐、休闲、会议、景区游览的最佳去处。
　　独特的纯实木俄罗斯乡村别墅建筑风格与大红灯笼镶嵌的亭台楼阁，成为一道亮丽的风景线。度假村经过18年的发展，现已成为黄金海岸旅游规模最大、档次最高的度假村。

图片展示

新闻动态

风光国际摄影大赛征稿启事
国务院批准"5·19"为"中国旅游日"
旅游大惠民大酬宾活动景区门票优惠表
宾馆旅游大惠民大酬宾优惠政策

○ 男　　○ 女
姓名　　[　　　　　　]
电话　　[　　　　　　]
入住日期　16-11-2020
离开日期　24-10-2020
[批量订购]

Copyright 金色海岸旅游有限公司

图 21-3　HTML 结构

任何一个页面都应该尽可能地保证在不使用 CSS 的情况下，依然保持良好的结构和可读性，这不仅仅对访问者很有帮助，也有助于网站被百度、Google 等搜索引擎了解和收录，这对于提升网站的访问量是至关重要的。

本网站的页面内容很多，页面整体部分放在一个大的 id 为 templatemo_maincontainer 的 <div> 对象中，在这个 <div> 对象中包括两列的布局方式，左侧的内容放在 id 为 templatemo_left_column 的 <div> 对象中，右边的正文部分放在 id 为 templatemo_right_column

的\<div>对象中，底部放在 id 为 templatemo_footer 的\<div>对象，在此对象中放置底部版权信息。

其页面中的 HTML 框架代码如下所示。

```
<body>
<div id="templatemo_maincontainer">
<div id="templatemo_topsection">
  <div id="templatemo_title">金色海岸旅游</div>
</div>
<div id="templatemo_left_column">
  <div id="templatemo_menu_top"></div>
  <div class="templatemo_menu">
  <ul>
    <li><a href="#">首 页</a></li>
    <li><a href="#">关于我们</a></li>
    <li><a href="#">最新动态</a></li>
    <li><a href="#">温馨客房</a></li>
    <li><a href="#">特色餐饮</a></li>
    <li><a href="#">会议会务</a></li>
    <li><a href="#">出游指南</a></li>
    <li><a href="#">网上预订</a></li>
    <li><a href="#">行车路线</a></li>
    <li><a href="#">联系我们</a></li>
  </ul>
</div>
  <div id="templatemo_contact">
    <strong>快速联系我们<br/> </strong>
Tel: 001-000-1000<br />
Fax: 002-000-2000<br />
Email: webmaster@.com</div>
</div>
<div id="templatemo_right_column">
  <div class="innertube">
  <h1>公司介绍</h1>
  <p>度假村拥有套房、标准间百余套,独体别墅 6 栋,日接待能力 350 余人,配有能同时容纳 350
人的大宴会厅、大小包间 7 间、露天用餐的河边长廊,10～300 人的大小会议室 4 间及配套娱乐设
施,及绿色无公害蔬菜基地,是您餐饮、住宿、娱乐、休闲、 会议、景区游览的最佳去处。<br />
  独特的纯实木俄罗斯乡村别墅建筑风格与大红灯笼镶嵌的亭台楼阁,成为一道亮丽的风景线。度假
村经过 18 年的发展,现已成为黄金海岸旅游规模最大、档次最高的度假村。<br />
</p>
  </div>
  <div id="templatemo_destination">
    <h2>图片展示</h2>
<p>
<img src="images/templatemo_photo1.jpg" alt="xxxx.com" width="85"
height="85" />
```

```
<img src="images/templatemo_photo2.jpg" alt="xxxx.com" width="85"
height="85" />
<img src="images/templatemo_photo3.jpg" alt="xxxx.com" width="85"
height="85" /></p>
    <h2>新闻动态</h2>
    <p>风光国际摄影大赛征稿启事<br />
    国务院批准&quot;5&middot;19&quot;为&quot;中国旅游日&quot; <br />
    旅游大惠民大酬宾活动景区门票优惠表 <br />
    宾馆旅游大惠民大酬宾优惠政策 <br />
    </p>
    <p> </p>
  </div>
<div id="templatemo_bot"></div>
</div>
<div id="templatemo_footer">Copyright    Your 金色海岸旅游有限公司 </div>
</body>
```

可以看到这些代码非常简单，使用的都是最基本的 HTML 标签，包括<p><ul><img><li>。
<ul>列表在代码中出现了多次，当有若干个项目并列时，<ul>是个很好的选择，很多网页
都有<ul>标签，它可以使页面的逻辑关系非常清晰。

21.4 页面方案设计

在设计任何一个网页前，首先应该有一个构思的过程，对网站的功能和内容进行全面
的分析。

在具体制作页面之前，可以首先设计一个如图 21-4 所示的页面草图。接着对版面布局
进行仔细规划和调整，反复修改后确定最终的布局方案。

图 21-4 页面草图

新建的页面就像一张白纸，没有任何表格、框架和约定俗成的东西，尽可能地发挥想象力，将想到的"内容"画上去。这属于创造阶段，不必讲究细腻工整，不必考虑细节功能，只要用简陋的线条勾画出创意的轮廓即可。尽可能地多画几张草图，最后选定一个满意的来创作。

接下来的任务就是，可以使用 Photoshop 或 Fireworks 软件来具体设计真正的页面方案了。有经验的网页设计者，通常会在制作网页之前，设计好网页的整体布局，这样在具体设计过程将会胸有成竹，大大节省工作时间。

由于本书篇幅有限，因此关于如何使用 Photoshop 设计制作完整的页面方案就不再详细介绍了。如果读者对 Photoshop 软件不熟悉，可以参考相关的 Photoshop 资料，掌握一些 Photoshop 软件的基本使用方法。

如图 21-5 所示的就是在 Photoshop 中设计的页面方案。这一步的核心任务是美术设计，通俗地说就是让页面更美观、更漂亮。

图 21-5　在 Photoshop 中设计的页面方案

21.5　定义页面的整体样式

网页设计中我们通常需要统一页面的整体风格，统一的风格大部分涉及网页中文字属性、网页背景色以及链接文字属性等等，如果我们应用 CSS 来控制这些属性，会大大提高网页设计速度，更加统一网页总体效果。

建立文件后，首先要对整个页面的共有属性进行一些设置，例如对字体、margin、padding、背景颜色等属性进行设置。

```
body{
    margin:0;
```

```
    padding:0;
    line-height: 1.5em;
    background: #782609 url(images/templatemo_body_bg.jpg) repeat-x;
    font-size: 11px;
    font-family: 宋体;
}
```

在 body 中设置了外边距 margin、内边距 padding 都为 0，行高 line-height 设为 1.5em，字号设置为 11px，并且设置字体为宋体。

在 body 中使用 background 设置了水平背景图像 templatemo_body_bg.jpg，这个图像可以很方便地在设计方案图中获得，如果使用 Photoshop 软件，可以切出一个竖条，可以切割得很细，减小文件的大小。在 CSS 中，repeat-x 使这个背景图像水平方向平铺就可以产生宽度自动延伸的背景效果了，如图 21-6 所示。

图 21-6　背景图像平铺

下面定义网页中的链接文字的样式，下面的 CSS 代码是定义网页中的链接文字在各种状态下的颜色和样式，以及网页中的<h1><h2><h3>标签中的标题文字的字号、粗细、颜色、字体等样式。

```
a:link,a:visited{color:#621c03;text-decoration:none;font-weight:bold;}
/*链接文字样式*/
a:active,a:hover{color:#621c03;text-decoration:none;font-weight:bold;}
/*链接文字样式*/
h1 {
    font-size: 18px;        /* 设置标题1字号 */
    color: #782609;         /* 设置标题1字体颜色 */
    font-weight: bold;      /* 设置标题1加粗 */
    background:url(images/templatemo_h1.jpg) no-repeat;  /*设置标题1背景图像 */
    height: 27px;           /* 设置标题1行高 */
    padding-top: 40px;      /* 设置标题1顶部内边距 */
    padding-left: 70px;     /* 设置标题1左侧内边距*/
}
h2 {
```

```
    font-size: 13px;        /* 设置标题 2 字号 */
    font-weight: bold;      /* 设置标题 2 加粗 */
    color: #fff;            /* 设置标题 2 字体颜色 */
    height: 22px;           /* 设置标题 2 行高 */
    padding-top: 3px;       /* 设置标题 2 顶部内边距 */
    padding-left: 5px;      /* 设置标题 2 左侧内边距 */
    background: url(images/templatemo_h2.jpg) no-repeat;  /* 设置标题 2 背景图像*/
}
```

设置好链接文字样式和<h1><h2>标题文字样式后的效果如图 21-7 所示。

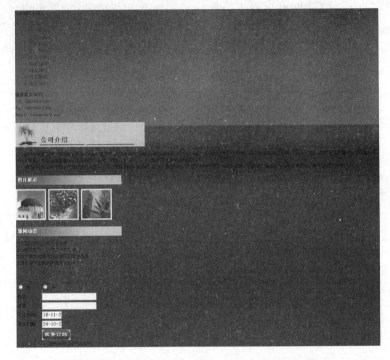

图 21-7　定义网页中的链接文字及标题文字样式

21.6　制作页面头部

下面对页面头部进行设计，这里的页头部分比较简单，只有一个公司名称，如图 21-8 所示。

图 21-8　页面头部

21.6.1　制作页面头部的结构

首先在页面中插入一个包含整个页面的<div>，在这个<div>内再插入顶部<div>和公司名称。

```
<div id="templatemo_maincontainer">
<div id="templatemo_topsection">
 <div id="templatemo_title">金色海岸旅游</div>
</div>
</div>
```

这里将整个头部部分放入一个<div>中，为该<div>设置 id 名称为"templatemo_topsection"，将公司名称放入一个<div>中，为该<div>设置名称为"templatemo_title"。

21.6.2　定义页面头部的样式

制作完页头部分的结构后，就可以定义页头部分的样式了。首先来定义外部容器templatemo_maincontainer 的整体样式。

```
#templatemo_maincontainer{
    width: 900px;         /* 定义外部容器的宽度 */
    margin: 0 auto;       /*上下边距 0，浏览器自动适应屏幕居中*/
    float: left;          /* 浮动左对齐 */
    background: url(images/templatemo_content_bg.jpg) repeat-y;
        /* 设置背景图片*/
}
```

这里的代码定义了外部容器的宽度为 900px，上下边距为 0，居中对齐，并且设置了背景图片。定义完外部容器样式后效果如图 21-9 所示。

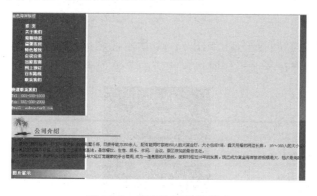

图 21-9　定义外部容器样式

接下来定义头部部分的样式，其代码如下所示。

```
#templatemo_topsection{
    background: url(images/templatemo_header.jpg) no-repeat;  /* 设置背景图
片不重复 */
```

```
    height: 283px;  /* 设置高度 */
}
#templatemo_title{
    margin: 0;          /* 设置外边距 */
    padding-top: 150px;  /* 设置顶部内边距 */
    padding-left: 50px;   /* 设置左侧内边距 */
    color: #FFFFFF;     /* 设置文字颜色 */
    font-size: 24px;      /* 设置文字字号 */
    font-weight: bold;    /* 设置文字加粗 */
}
```

这里的代码定义了 id 为 templatemo_topsection 的<div>的高度和背景图片，并定义了 id 为 templatemo_title 的<div>内的文字颜色、字号、加粗、外边距和内边距等，在浏览器中浏览设置头部样式后的效果，如图 21-10 所示。

图 21-10　设置头部样式后的效果

21.7　制作左侧导航

左侧部分是网站的导航部分，如图 21-11 所示，这部分增加了鼠标指针经过时改变颜色效果，在鼠标指针经过导航栏的时候，相应的菜单项会发生变化。

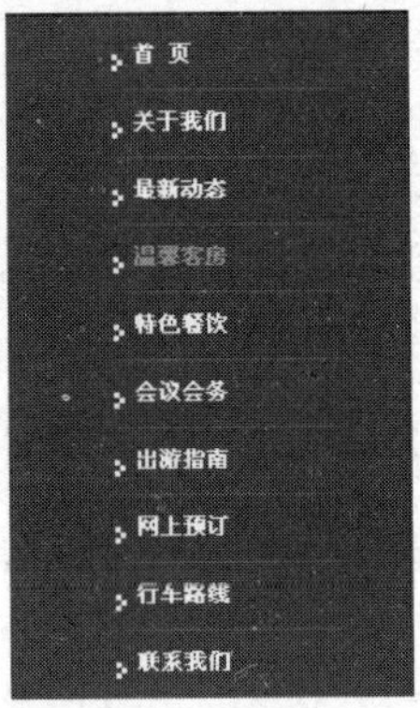

图 21-11　左侧导航

21.7.1　制作左侧导航部分的结构

网页左侧有一个漂亮的竖排导航菜单，将横排文字转换为竖排格式，方便美观，其实现方法非常简单。下面制作其基本 HTML 结构。

首先左侧导航和联系我们都放在 id 为 templatemo_left_column 的\<div\>中，在这个\<div\>内再插入下面的导航部分结构代码。

```
<div id="templatemo_left_column">
<div class="templatemo_menu">
  <ul>
   <li><a href="#">首 页</a></li>
   <li><a href="#">关于我们</a></li>
   <li><a href="#">最新动态</a></li>
   <li><a href="#">温馨客房</a></li>
   <li><a href="#">特色餐饮</a></li>
   <li><a href="#">会议会务</a></li>
   <li><a href="#">出游指南</a></li>
   <li><a href="#">网上预订</a></li>
   <li><a href="#">行车路线</a></li>
   <li><a href="#">联系我们</a></li>
  </ul>
</div>
</div>
```

这里主要使用无序列表来制作导航菜单，\<ul\>是 CSS 布局中使用得很广泛的一种元素，主要用来描述列表型内容，每个\<ul\>\</ul\>表示其中的内容为一个列表块，块中的每一条列表数据用\<li\>\</li\>来描述。

21.7.2　定义左侧导航的样式

下面使用 CSS 来定义左侧导航的样式。首先来定义外部容器 templatemo_left_column 的样式。

```
#templatemo_left_column {
    float: left;
    width: 229px;
}
```

这里设置宽度为 229px，浮动方式为左对齐，从而使下一个对象贴紧该对象的右边，最终具有了向左浮动的特性。

接着定义列表项的样式，包括宽度、高度、列表样式、背景图片、字号、加粗等，其代码如下所示。

```
.templatemo_menu {
    margin-top: 40px;    /* 设置顶部外边距 */
```

```
    width: 188px;        /* 设置宽度 */
}
.templatemo_menu li{
    list-style: none;        /* 设置列表样式 */
    height: 30px;        /* 设置列表高度 */
    display: block;        /* 以块状对象显示 */
    background: url(images/templatemo_menu_bg.jpg) no-repeat;   /* 设置背景
颜色 */
    font-weight: bold;    /* 设置加粗 */
    font-size: 12px;        /* 设置字号 */
    padding-left: 30px;  /* 设置左侧内边距 */
    padding-top: 7px;    /* 设置顶部内边距 */
}
.templatemo_menu a {
    color: #fff;                /* 设置链接文字颜色 */
    text-decoration: none;  /* 设置文字下划线 */
}
.templatemo_menu a:hover {
    color: #f08661;  /* 设置鼠标经过的颜色 */
}
```

　　display 属性是 CSS 中对象显示模式的一个属性,主要用于改变对象的显示方式。display:
block 是这里的重点,它使得<a>链接对象的显示方式由一段文本改为一个块状对象,和
<div>的特性相同。就可以使用 CSS 的外边距、内边距、边框等属性给<a>链接标签加上一
系列的样式了。如图 21-12 所示为定义完导航后的样式效果。

图 21-12　定义完导航样式后的效果

21.8　制作联系我们部分

网站上应该提供足够详尽的联系信息，包括公司的地址、电话、传真、邮政编码、E-Mail 地址等基本信息，如图 21-13 所示。

图 21-13　联系我们

21.8.1　制作联系我们部分的结构

联系我们部分主要放置公司的联系信息，包括电话、传真、E-Mail 等文字，插入在一个<div>中，其 HTML 结构如下。

```
<div id="templatemo_contact">
<strong>快速联系我们<br /></strong>
Tel: 001-000-1000<br />
Fax: 002-000-2000<br />
Email: webmaster@xxx.com</div>
```

21.8.2　定义联系我们内容的样式

下面定义联系我们的样式，定义了 templatemo_contact 容器的宽度为 200px，高度为 96px，以及背景图片、文字颜色、字体等。在浏览器中浏览效果如图 21-14 所示。

图 21-14　定义联系我们样式

```
#templatemo_contact {
    width: 200px;      /* 设置宽度 */
```

```
    height: 96px;        /* 设置高度 */
    background:url(images/templatemo_contact.jpg)no-repeat;  /*设置背景 */
    color: #fff;         /* 设置文字颜色 */
    padding-left: 29px;     /* 设置左侧内边距 */
    padding-top: 15px;      /* 设置顶部内边距 */
    font-family: "宋体";    /* 设置字体 */
}
```

21.9 制作公司介绍部分

公司介绍部分主要是公司的介绍文字信息，通过这部分，浏览者可以大致了解公司基本信息。

21.9.1 制作公司介绍部分结构

公司介绍部分主要包括文字信息，制作比较简单，主要包括一个<h1>的标题信息和正文文字，插入在一个<div>中，这部分都放置在 templatemo_right_column 内，其 HTML 结构如下。

```
<div id="templatemo_right_column">
  <div class="innertube">
  <h1>公司介绍</h1>
    <p>度假村拥有套房、标准间百余套,独体别墅 6 栋,日接待能力 350 余人,配有能同时容纳 350
人的大宴会厅、大小包间 7 间、露天用餐的河边长廊,10～300 人的大小会议室 4 间及配套娱乐设
施,及绿色无公害蔬菜基地,是您餐饮、住宿、娱乐、休闲、 会议、景区游览的最佳去处。<br />
    独特的纯实木俄罗斯乡村别墅建筑风格与大红灯笼镶嵌的亭台楼阁,成为一道亮丽的风景线。度假
村经过 18 年的发展，现已成为黄金海岸旅游规模最大、档次最高的度假村。<br/>
    </p>
  </div>
</div>
```

21.9.2 定义公司介绍部分的样式

下面定义公司介绍部分的样式，由于右侧的部分都在 templatemo_right_column 内，首先来定义 templatemo_right_column 的样式。

```
#templatemo_right_column {
    float: right;           /* 设置浮动右对齐 */
    width: 651px;           /* 设置宽度 */
    padding-right: 20px;    /* 设置右侧内边距 */
}
```

这里定义了 templatemo_right_column 靠右浮动，宽度为 651px，右侧内边距是 20px，在浏览器中浏览，此时效果如图 21-15 所示，可以看到正文部分的内容都靠右对齐了。

图 21-15　定义样式

接下来定义公司介绍部分的样式，其 CSS 代码如下，定义后的效果如图 21-16 所示。

```css
.innertube{
    margin: 40px;  /* 设置外边距 */
    margin-top: 0;
    margin-bottom: 10px;
    text-align: justify;  /* 设置两端对齐 */
    border-bottom: dotted 1px #782609;  /* 设置下边框的样式 */
}
```

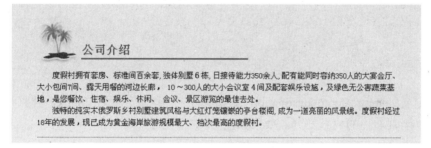

图 21-16　定义公司介绍部分样式

21.10　制作图片展示和新闻动态

图片展示和新闻动态部分主要展示一些图片和公司的新闻文字信息。

21.10.1　制作页面结构

这部分的页面制作主要是插入 3 幅图片和一些新闻文字信息，这些主要放在 templatemo_destination 中，具体代码如下。

```html
<div id="templatemo_destination">
<h2>图片展示</h2>
<p>
```

```
<img src="images/templatemo_photo1.jpg" alt="xxx.com" width="85"
height="85"/>
<img src="images/templatemo_photo2.jpg" alt="xxx.com" width="85"
height="85"/>
<img src="images/templatemo_photo3.jpg" alt="xx.com" width="85"
height="85"/>
</p>
<h2>新闻动态</h2>
    <p>风光国际摄影大赛征稿启事<br />
    国务院批准&quot;5&middot;19&quot;为&quot;中国旅游日&quot; <br />
    旅游大惠民大酬宾活动景区门票优惠表 <br />
    宾馆旅游大惠民大酬宾优惠政策 <br />
    </p>
    <p> </p>
</div>
```

21.10.2   定义页面样式

下面定义这部分的样式，其 CSS 代码如下。

```
#templatemo_destination {
    float: left;                    /* 设置浮动左对齐 */
    padding: 10px 10px 0px 40px;    /* 设置内边距 */
    width: 280px;                   /* 设置宽度 */
    border-right: dotted 1px #782609;  /* 设置右边框的样式 */
}
```

这里定义了 templatemo_destination 容器浮动左对齐，宽度为 280px，并且设置了右边框的样式以区别右边的内容部分。效果如图 21-17 所示。

图 21-17   定义样式后的效果

21.11　制作酒店订购部分

在酒店订购部分，浏览者可以填写自己的姓名、电话、入住日期、离开日期等，提交自己的订购信息。

21.11.1　制作页面结构

这部分主要是插入一个订购表单，这部分内容都在 templatemo_search 内，其基本结构代码如下所示。

```
<div id="templatemo_search">
  <div class="search_top"></div>
   <div class="sarch_mid">
    <form id="form1" name="form1" method="post" action="">
    <table width="247">
    <tr><td width="64">
        <input type="radio" name="search" value="radio" id="search_0"/>
    <strong>男</strong></td>
     <td width="171">
<label>
     <input type="radio" name="search" value="radio" id="search_1"/>
     <strong>女</strong>
     </label></td>
       </tr>
       <tr>
        <td><strong>姓名</strong></td>
         <td><label><input type="text"/></label></td>
       </tr>
       <tr>
        <td><strong>电话</strong></td>
         <td><label><input type="text" /></label></td>
       </tr>
       <tr>
         <td><strong>入住日期</strong></td>
         <td><label>
 <input name="depart" type="text" id="depart" value="16-11-2020" size="6" />
         </label></td>
       </tr>
       <tr>
        <td><strong>离开日期</strong></td>
        <td><input name="return" type="text" id="return" value="24-10-2020"
           size="6" /></td>
       </tr>
       <tr>
```

```
        <td> </td>
        <td><a href="#">
<img src="images/templatemo_search_button.jpg" width="78" height="28"
border="0" /></a></td>
        </tr>
      </table>
      </form>
    </div>
  <div class="search_bot"></div>
 </div>
```

21.11.2 定义页面样式

下面定义表单元素的 CSS 样式， CSS 代码如下，主要定义表单的外观样式，在浏览器中浏览效果如图 21-18 所示。

```
#templatemo_search {
    float: right;  /* 设置浮动右对齐 */
    padding: 0px 30px 0px 0px;  /* 设置内边距 */
    width: 262px;    /* 设置宽度 */
    background: url(images/templatemo_form-bg.jpg) repeat-y; /* 设置背景图片 */
}
.search_top {
    background: url(images/templatemo_search.jpg) no-repeat; /* 设置背景图片 */
    width: 262px;    /* 设置宽度 */
    height: 76px;    /* 设置高度 */
}
.sarch_mid {
    margin: 0px;              /* 设置外边距 */
    padding-left: 10px;  /* 设置左侧内边距 */
    padding-top: 0px;    /* 设置顶部内边距 */
}
.search_bot {
    background: url(images/templatemo_search_bot.jpg) no-repeat;
        /* 设置背景图片 */
    height: 11px;  /* 设置高度 */
}
#templatemo_bot {
    float: left;    /* 设置浮动左对齐 */
    height: 22px;   /* 设置高度 */
    width: 877px;   /* 设置宽度 */
    background: url(images/templatemo_footer.jpg) no-repeat;
        /* 设置背景图片 */
}
```

图 21-18　定义页面样式

21.12　制作底部版权部分

底部版权部分内容比较简单，主要是网站的版权信息文字，主要放置在 templatemo_footer 内，其结构如下。

```
<div id="templatemo_footer">Copyright  金色海岸旅游有限公司</div>
```

下面定义底部版权部分的 CSS 样式，其 CSS 代码如下，在浏览器中浏览效果如图 21-19 所示。

```
#templatemo_footer{
    float: left;  /* 设置浮动左对齐 */
    width: 100%;   /* 设置宽度 */
    padding-top: 16px;   /* 设置顶部内边距 */
    height: 31px;        /* 设置高度 */
    color: #fff;         /* 设置文字颜色 */
    text-align: center;    /* 设置居中对齐 */
    background: url(images/templatemo_footer_bg.jpg) repeat-x; /* 设置背景
图片 */
}
#templatemo_footer a {
    color: #fff;            /* 设置文字颜色 */
    font-weight: bold;       /* 设置加粗 */
}
```

Copyright 金色海岸旅游有限公司

图 21-19　底部版权部分

本 章 小 结

在企业网站的设计中，既要考虑商业性，又要考虑艺术性。企业网站是商业性和艺术性的结合，同时也是企业文化的载体，通过视觉的元素，承接企业的文化和企业的品牌。

好的网站设计，有助于企业树立好的社会形象，也能比其他的传播媒体更好、更直观地展示企业的产品和服务。

界面设计是网站设计中最重要的环节，而在 CSS 布局的网站中尤为重要。在传统网站设计中，我们往往根据网站内容规划提出界面设计稿，并根据设计稿进行网页代码的实现。在 CSS 布局设计中，除了界面设计稿之外，我们需要在设计中更进一步考虑后期 CSS 布局上的可用性，但是这并不代表 CSS 布局对设计具有约束与局限。

练 习 题

使用 CSS+DIV 布局如图 21-20 所示的页面效果。

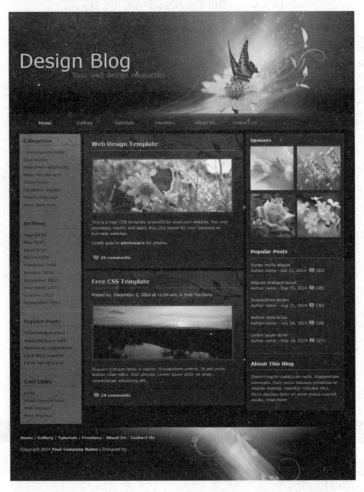

图 21-20　CSS+DIV 布局网页